中国西藏重点水域渔业资源与环境保护系列丛书

丛书主编：陈大庆

西藏巴松错
渔业资源与环境研究

霍　斌　李大鹏　刘香江　马宝珊　邵　俭　等◎著

中国农业出版社

北　京

内容简介

　　本书在近年西藏巴松错水生生物资源与环境调查的大量数据分析和实地考察及分析研究前人工作的基础上编撰完成，内容包括西藏巴松错水体理化特征、饵料生物概况、鱼类多样性、常见鱼类个体生物学、食物网结构以及资源养护对策等多个方面。书中内容综合反映了近年有关西藏巴松错水生生物多样性及保护的研究成果，对开展西藏湖泊水生生物多样性、渔业资源与环境的保护具有科学参考价值。

　　本书可供水产院校渔业资源和水产养殖专业、其他大专院校生物学和动物学专业的师生，科研院所研究人员，以及其他从事水产研究、生产和管理的有关人员参考。

丛书编委会

科学顾问：曹文宣　中国科学院院士

主　　编：陈大庆

编　　委（按姓氏笔画排序）：

马　波　　王　琳　　尹家胜　　朱挺兵

朱峰跃　　刘　飞　　刘明典　　刘绍平

刘香江　　刘海平　　牟振波　　李大鹏

李应仁　　杨瑞斌　　杨德国　　何德奎

佟广香　　陈毅峰　　段辛斌　　贾银涛

徐　滨　　霍　斌　　魏开金

本书著者名单

著　者：霍　斌（华中农业大学）

　　　　李大鹏（华中农业大学）

　　　　刘香江（华中农业大学）

　　　　马宝珊（中国水产科学研究院长江水产研究所）

　　　　邵　俭（贵州大学）

　　　　刘明典（中国水产科学研究院长江水产研究所）

　　　　杨秋实（华中农业大学在读博士生）

　　　　王　晨（华中农业大学在读硕士生）

　　　　刘清杨（华中农业大学在读硕士生）

　　青藏高原特殊的地理和气候环境孕育出独特且丰富的鱼类资源，该区域鱼类在种类区系、地理分布和生态地位上具有其独特性。西藏自治区是青藏高原的核心区域，也是世界上海拔最高的地区，其间分布着众多具有全球代表性的河流和湖泊，水域分布格局极其复杂。多样的地形环境、复杂的气候条件、丰富的水体资源使西藏地区成为我国生态安全的重要保障，对亚洲乃至世界都有着重要意义。

　　西藏鱼类主要由鲤科的裂腹鱼亚科以及鳅科的高原鳅属鱼类组成。裂腹鱼是高原鱼类典型代表，具有耐寒、耐碱、性成熟晚、生长慢、食性杂等特点，集中分布于各大河流和湖泊中。由于西藏地区独有的地形地势和显著的海拔落差导致的水体环境差异，不同水域的鱼类区系组成大不相同，因此西藏地区的鱼类是研究青藏高原隆起和生物地理种群的优质对象。

　　近年来，在全球气候变化和人类活动的多重影响下，西藏地区的生态系统已经出现稳定性下降、资源压力增大及鱼类物种多样性日趋降低等问题。西藏地区是全球特有的生态区域，由于其生态安全阈值幅度较窄，环境对于人口的承载有限，生态系统一旦被破坏，恢复时间长。高原鱼类在长期演化过程中形成了简单却稳定的种间关系，不同鱼类适应各自特定的生态位，食性、形态、发育等方面有不同的分化以适应所处环境，某一处水域土著鱼类灭绝可能会导致一系列的连锁反应。人类活动如水利水电开发和过度捕捞等很容易破坏鱼类的种间关系，给土著鱼类带来严重的危害。

　　由于特殊的高原环境、交通不便、技术手段落后等因素，直到 20 世纪中期我国才陆续有学者开展青藏高原鱼类研究。有关西藏鱼类最近的一次调查距今已有 20 多年，而这 20 多年也正是西藏社会经济快速发展的时期。相比 20 世纪中期，现今西藏水域生态环境已发生了显著的变化。当前西藏鱼类资源利用和生态保护与水资源开发的矛盾逐渐突出，在鱼类自然资源持续下降、外来物种入侵和人类活动影响加剧的背景下，有必要系统和深入地开展西藏鱼类资源与环境的全面调查，为西藏生态环境和生物多样性的保护提供科学支撑；同时这也是指导西藏水资源规划和合理利用、保护水生生物资源和保障生态西藏建设的需要，符合国家发展战略要求和中长期发展规划。

　　"中国西藏重点水域渔业资源与环境保护系列丛书"围绕国家支援西藏发展的战略方针，符合国家生态文明建设的需要。该丛书既有对各大流域湖泊渔业资源与环境的调查成果的综述，也有关于西藏土著鱼类的繁育与保护的技术总结，同时对于浮游动植物和底栖生物也有全面系统的调查研究。该丛书填补了我国西藏水域鱼类基础研究数据的空白，不仅为科研工作者提供了大量参考资料，也为广大读者提供了关于西藏水域的科普知识，同时也可为管理部门提供决策依据。相信这套丛书的出版，将有助于西藏水域渔业资源的保护和优质水产品的开发，反映出中国高原渔业资源与环境保护研究的科研水平。

中国科学院院士

2022 年 10 月

巴松错特有鱼类国家级水产种质资源保护区于 2010 年由农业部批准建立，是雅鲁藏布江流域的第一个水产种质资源保护区。保护区毗邻念青唐古拉山脉，位于工布江达县错高乡境内、尼洋河最大支流巴河的中上游，距拉萨市 369 km，距国道 318 线约 47 km，交通便利，地理位置为 29°59′—30°2′N、93°45′—94°3′E，北部与那曲市嘉黎县相连，南部与林芝市巴宜区为邻，东部与林芝市波密县接壤，总面积达 100 km²。巴松错处于该水产种质资源保护区的核心区域，是西藏东部最大的淡水堰塞湖之一，国家 5A 级景区，也是西藏著名的红教神湖。湖面平均海拔 3 460 m，呈新月状，全长 15 km，宽 3 km，总面积 37.5 km²，湖水平均深度 60 m 以上，最深达 180 m。核心区占保护区面积的 37.5%，实验区占保护区面积的 62.5%，主要保护尖裸鲤、拉萨裂腹鱼、巨须裂腹鱼、双须叶须鱼、异齿裂腹鱼、拉萨裸裂尻鱼、黑斑原鮡等雅鲁藏布江流域的特有土著鱼类。

巴松错是林芝文化旅游节的窗口景区。近十几年来，当地社会经济的发展以及基础设施的完善，使得大批游客涌入巴松错进行观光游览，其已成为林芝市人类活动最为频繁的地区。由于受到水产种质资源保护区的庇护，巴松错的渔业资源几乎没有受到捕捞活动的影响，但近十几年来，巴河流域的水利水电建设、保护区辖区人口的增长、农牧业的发展以及景区旅游资源的开发，不可避免地对巴松错渔业资源与渔业环境产生了负面影响。然而，关于巴松错渔业资源与渔业环境的历史资料十分匮乏，已成为该保护区科学开展管理和规划、协调流域开发和保护的短板。

2017 年以来，在农业农村部农业财政专项的资助下，研究团队对巴松错及其主要入湖河流系统地开展了水生态环境和渔业资源调查研究工作。本书是在对团队调查数据以及前人相关研究资料进行全面总结梳理的基础上撰写而成。参加上述研究工作的人员有李大鹏教授、霍斌、刘香江和邵俭副教授，马宝珊副研究员，杨秋实博士，暴雅琳、类成强、刘清杨、王晨和王思博等硕士研究生。此外，国内一些学者曾对巴河流域的渔业环境和渔业资源做了大量研究工作，取得丰硕成果，使笔者从中受益匪浅，谨表谢意。调查期间，西藏自治区农业农村厅、林芝市农业农村局、工布江达县农业农村局和西藏自治区农牧科学院等有关单位和部门为调查工作提供了无私的帮助，在此表示衷心感谢。特别感谢谢从新教授和张惠娟博士在调查期间对我们工作的热情关心和大力协助。

感谢农业农村部农业财政专项"西藏重点水域渔业资源与环境调查"对本书出版的资助。

近年来，西藏地区的生态环境受人类活动的影响，出现了生态系统稳定性降低、资源环境压力增大等问题。西藏水资源开发利用与渔业可持续发展、渔业资源利用与生态保护的矛盾日益突出，人们对西藏地区尤其是雅鲁藏布江流域的水生态环境以及土著鱼类资源保护的关注度日益上升。希望本书的出版能为科技工作者提供参考资料，为政府部门提供决策依据，为广大读者提供科普知识。限于著者的学识水平，书中难免存在一些不足之处，祈盼广大读者批评指正。

著　者

2021 年 8 月

目录

第一章

绪　论

西藏自治区位于我国西南边疆，面积约 $1.2×10^6$ km²，约占全国陆地面积的 1/8，平均海拔达 4 000 m。西藏是全球独特的生态地域，生态安全阈值幅度窄，环境人口容量低，生态系统一旦被破坏，很难恢复。然而，近年来随着自治区社会经济的高速发展以及城镇化水平的提高，以雅鲁藏布江中游为代表的流域内水资源被无序开发，水文形势发生改变，渔业环境破碎化，渔业资源显著衰退，流域的生态服务功能严重下降，国家生态安全屏障功能面临着严重的威胁与挑战。为此，农业部于 2017 年实施了"西藏重点水域渔业资源与环境调查"援藏专项，该专项通过 5 年的系统调查摸清了西藏重点流域的渔业资源和环境家底，掌握了土著鱼类的种质资源现状，查明了资源与环境衰退的原因，提出了资源与环境的养护措施，为流域生态环境国际谈判、国家生态安全屏障功能的实现以及新时代自治区社会经济高质量绿色发展提供了支撑和决策。

第一节　西藏自然地理概况

一、地理位置

西藏自治区位于祖国的西南边疆，面积约 $1.2×10^6$ km²，约占中国陆地总面积的 1/8，在中国各省份中，仅次于新疆维吾尔自治区，位居第二。西藏地跨 26°50′—36°53′N、78°25′—99°6′E，北界昆仑山和唐古拉山与新疆和青海毗邻，东邻金沙江与四川相望，东南与云南相接，南部与西部同缅甸、印度、尼泊尔等国接壤，国境线长达 3 842 km。西藏构成青藏高原的主体部分，平均海拔 4 000 m，自治区内集中了世界上海拔最高的山脉——喜马拉雅山脉、世界上最深的峡谷——雅鲁藏布大峡谷以及世界上海拔较高的河流——雅鲁藏布江（徐华鑫，1986）。

二、地形地貌

青藏高原是世界上隆起最晚、面积最大、海拔最高的高原，因而被称为"世界屋脊"，被视为南极、北极之外的"地球第三极"（李吉均等，1979）。青藏高原总的地势为由西北向东南倾斜，地形复杂多样、景象万千，有高峻逶迤的山脉、陡峭的沟峡以及冰川、裸石、戈壁等多种地貌类型，有分属寒带、温带、亚热带、热带的种类繁多的奇花异草和珍稀野生动物，还有"一山见四季"和"十里不同天"等自然奇观。西藏自治区地貌大致可分为喜马拉雅山区、藏南谷地、藏北高原和藏东高山峡谷区（中国科学院青藏高原综合科学考察队，1983；西藏自治区水产局，1995；李吉均等，1979）。

三、自然气候

由于地形复杂，西藏具有多种多样的区域气候类型及明显的垂直气候带，总体上具有西北严寒、东南温暖湿润的特点。西藏海拔高、空气稀薄，空气中水汽、尘埃含量少，纬度低，太阳辐射总量在我国排名第一，日照时数也在全国居于高位，并呈现出由藏东南向藏西北逐渐增多的趋势。全区年均日照时数在 1 475～3 555 h，西部地区则多在 3 000 h 以上（王晓军和程绍敏，2009）。

西藏自治区平均气温由东南向西北递减，全区年均温度在－2.8～11.9℃。藏南和藏北气候差异很大：藏南谷地受印度洋暖湿气流的影响，温和多雨，年平均气温 8℃；藏北高原为典型的大陆性气候，年平均气温 0℃以下，冰冻期长达半年。在冬季西北风和夏季西南季风的交替控制下，西藏旱季和雨季的分别非常明显（王晓军和程绍敏，2009）：一般每年 10 月至翌年 4 月为旱季；5—9 月为雨季，雨量一般占全年降水量的 90% 左右。各地降水量也严重不均，年降水量自东南低地的 5 000 mm，逐渐向西北减少到 50 mm（西藏自治区水产局，1995；徐华鑫，1986）。近几十年来，西藏地区地面气温升高非常明显，降水量也呈现逐年增多的趋势，气候朝着暖湿的方向变化（赤曲，2017）。总体上，日照时间长、辐射强，气温较低、温差大，气压低、氧气含量少是西藏自治区自然气候的主要特征。

四、生态环境

西藏位于被称为"世界屋脊"的青藏高原上，是地球上海拔最高的地区。西藏的自然生态环境较恶劣，绝大部分地区干旱少雨、高寒、缺氧，大气中氧气还不足平原地区的 75%。脆弱的生态环境负载着较少的在千万年的生物进化过程中适应了高原高寒、低氧、干旱等自然环境的生物。这些生物虽然具有抵抗恶劣自然环境的能力，但是如果将现有的生态环境改变或破坏它们所在生物循环链条中的某一个环节，就会使整个生态环境和由此产生的高原生物网络迅速崩溃或破裂（刘务林，2000）。目前西藏地区高等植物有 6 600 余种，脊椎动物约 795 种，昆虫 4 200 余种。海拔 3 500 m 以上生物多样性较为贫乏，仅占生物种类的 20% 左右，多为特有物种；在海拔 3 500 m 以下的东南部地区，生物多样性相对较为丰富，占生物种类的 80% 左右（武云飞和朱松泉，1979）。

五、渔业资源

西藏自治区位于青藏高原的核心区，是我国平均海拔最高、河流数量最多、湖泊面积最大的省份，面积大于 1 km² 的湖泊有 791 个，流域面积大于 10 000 km² 的江河有 20 余条，大于 2 000 km² 的江河有 100 多条，其中最为著名的湖泊和河流是羊卓雍错、纳木错和雅鲁藏布江（关志华和陈传友，1980；王岳峰等，2005）。众多江河湖泊为水生生物提供了丰富多样的栖息地，也为当地渔业的发展提供了空间。

西藏独特而严酷的高原水域环境孕育了我国宝贵的鱼类资源，栖息于西藏水域中的鱼类约 76 种和亚种，隶属 3 目 5 科 22 属（张春霖和王文滨，1962；曹文宣，1974；伍献文等，1981；武云飞和吴翠珍，1992；西藏自治区水产局，1995；张春光和邢林，1996；Deng et al.，2018；Liu et al.，2021）。其中，裂腹鱼类、鮡科鱼类和高原鳅是西藏鱼类区系的主体，随着青藏高原的急剧隆升逐步演变为适应寒冷、高海拔以及急流等严酷环境的冷水鱼类（曹文宣等，1981；武云飞和谭齐佳，1991；陈宜瑜等，1996），其肉质细嫩、味道鲜美、营养丰富，为食用高档鱼类，已成为产地名贵经济鱼类，具有很高的养殖开发价值（周建设等，2018；王金林等，2019）。此外，西藏土著鱼类是栖息于水体中的高级捕食者，其种群结构和数量的改变通过营养级联效应影响高原水生态系统的结构和功能，是维持高原水域生态系统完整和健康的关键物种。

第二节　西藏经济概况

一、社会经济

西藏经济曾经十分落后，交通闭塞，没有现代工业，只有牧业和少量农业、手工业。改革开放以来，西藏自治区加快了经济建设的步伐，不仅建立了现代工业、商业、交通通信业，原有的农牧业也得到了长足的发展。

1994 年以来，西藏地区生产总值连年增长。2019 年，实现地区生产总值（GDP）1 697.82 亿元，按可比价计算，比上年增长 8.1%。其中，第一产业增加值 138.19 亿元，增长 4.6%；第二产业增加值 635.62 亿元，增长 7.0%；第三产业增加值 924.01 亿元，增长 9.2%。人均地区生产总值 48 902 元，增长 6.0%。

2019 年，在全区生产总值中，第一、二、三产业增加值所占比重分别为 8.1%、37.4% 和 54.4%。与上年相比，第一产业比重下降 0.1 个百分点，第二产业下降 0.2 个百分点，第三产业提高 0.3 个百分点。2019 年全年全区居民消费价格比上年上涨 2.3%，商品零售价格上涨 2.0%，农业生产资料价格上涨 0.2%（国家统计局，2019）。

二、渔业经济

西藏是我国内陆水体极为丰富的地区，其渔业活动有着悠久的历史，高原上的先人早在四五千年前就利用鱼类资源。可惜后来由于宗教的影响，当地一些宝贵的鱼类资源自生自灭。西藏在 20 世纪 60 年代之前没有现代意义的渔业，藏族群众很少捕食鱼类，只有曲水、墨脱、察隅等地的门巴族等民族的群众有捕鱼的习惯，另外由于缺乏宏观的科学指导，极大地限制了西藏鱼类资源的开发利用。直至 1965 年，西藏渔业生产一直没有得到应有的重视，渔业发展落后于其他地区，渔业经济在西藏经济总产值中所占的比例很小（扎西次仁和其美多吉，1993）。

1965 年以来，西藏渔业产值呈上升趋势（图 1-1），但是渔业产值占生产总值比例的最大值也没有超过 0.1%，渔业产值占农林牧渔产值的比例也未及 0.32%（表 1-1），其占生产总值的比例在全国处于较低的水平。与此不相适应的是，近年来西藏人民对水产品的消费持续增加，而当地渔业产品远远无法满足市场的需求。因此，西藏渔业具有巨大的发展空间，相关部门需要重视渔业，制定配套政策来促进渔业的高质量发展，满足市场对水产品的需求，促进西藏渔业经济的快速发展。

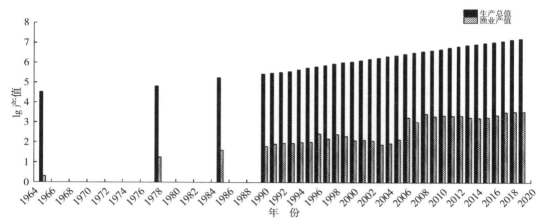

图 1 - 1　西藏渔业产值（万元）与生产总值（万元）增长速度的比较

表 1 - 1　西藏渔业产值、农林牧渔产值与生产总值的比较

年份	生产总值（万元）	农林牧渔产值（万元）	渔业产值（万元）	渔业产值占生产总值的比例（$\times 10^{-4}$）	渔业产值占农林牧渔产值的比例（$\times 10^{-4}$）
1965	32 700	26 420	2	0.61	0.76
1978	66 500	39 228	18	2.71	4.59
1985	177 600	108 875	40	2.25	3.67
1990	277 000	195 023	62	2.24	3.18
1991	305 300	210 063	81	2.65	3.86
1992	332 900	224 530	90	2.70	4.01
1993	374 200	229 860	89	2.38	3.87
1994	459 900	268 249	100	2.17	3.73
1995	561 100	358 961	101	1.80	2.81
1996	649 800	385 282	269	4.14	6.98
1997	772 400	414 546	150	1.94	3.62
1998	915 000	423 770	253	2.77	5.97
1999	1 059 800	482 155	202	1.91	4.19
2000	1 178 000	512 185	124	1.05	2.42

（续）

年份	生产总值 （万元）	农林牧渔产值 （万元）	渔业产值 （万元）	渔业产值占 生产总值的比例 （×10⁻⁴）	渔业产值占农林 牧渔产值的比例 （×10⁻⁴）
2001	1 391 600	527 791	134	0.96	2.54
2002	1 620 400	558 874	122	0.75	2.18
2003	1 850 900	586 339	78	0.42	1.33
2004	2 203 400	627 373	87	0.39	1.39
2005	2 488 000	677 408	136	0.55	2.01
2006	2 907 600	704 765	1 762	6.06	25.00
2007	3 414 300	798 309	1 073	3.14	13.44
2008	3 948 500	884 518	2 804	7.10	31.70
2009	4 413 600	933 807	2 049	4.64	21.94
2010	5 074 600	1 007 685	2 268	4.47	22.51
2011	6 058 300	1 093 675	2 181	3.60	19.94
2012	7 010 300	1 183 267	2 220	3.17	18.76
2013	8 156 700	1 279 967	1 762	2.16	13.77
2014	9 208 300	1 387 236	1 676	1.82	12.08
2015	10 263 900	1 494 633	1 774	1.73	11.87
2016	11 514 100	1 729 700	2 400	2.08	13.90
2017	13 109 200	1 781 600	3 300	2.52	18.50
2018	15 483 900	1 954 700	3 500	2.26	17.90
2019	16 978 200	2 128 100	3 600	2.12	16.90

西藏本土冷水性土著鱼类肉质细嫩鲜美，富含不饱和脂肪酸，是优质的动物蛋白来源，也是潜在的名优养殖品系（刘海平等，2018）。通过开展西藏渔业资源养护，发展渔业生产，充分利用西藏丰富的鱼类资源，可以增加水产品产量。一方面，通过人工养殖增加渔业产量，不仅能满足西藏当地对优质水产品的需求，还可以减少对野生鱼类资源的捕捞；另一方面，通过人工增殖放流补充自然资源，达到保护和合理地利用西藏渔业资源的目的，这对提高人民营养和健康水平以及促进西藏社会经济的可持续发展具有重要的现实意义，也能够为西藏江河湖岸人民开辟一条增收致富的新路子。

第三节　西藏裂腹鱼类研究概述

一、研究价值

裂腹鱼亚科（Schizothoracinae）隶属鲤形目（Cypriniformes）鲤科（Cyprinidae），是鲤科鱼类中唯一分布于青藏高原及其周边地区的一个自然类群，其与高原鳅属（Triplophysa）和鲱科（Sisoridae）鱼类一起构成了青藏高原鱼类区系的主体（武云飞和吴翠珍，1992；陈毅峰和曹文宣，2000）。裂腹鱼类的共同特征是具有臀鳞，即在肛门和臀鳍的两侧各排列着一行特化的大型鳞片，从而在腹部中线上形成一条裂缝，"裂腹"一词由此得来（陈毅峰和曹文宣，2000）。自第三纪末期开始的青藏高原的急剧隆升引起环境条件发生显著的改变，使原来生活于本地区内、适应温暖气候和湖泊静水环境的鲃亚科中的某一类产生了相应的变化，随着地理或生境上的隔绝，逐步演变为适应寒冷、高海拔以及急流等严酷环境的原始裂腹鱼类，并随着高原的进一步隆升而演化成现今的裂腹鱼类（曹文宣等，1981；陈宜瑜等，1996）。裂腹鱼类的分类地位、演化过程以及严酷的生境使其成为研究鲤科鱼类系统发育、地质变迁、生命演化和极端环境适应机制的绝佳科研材料。

裂腹鱼类因其只能生活于清洁无污染的冷水中而以"有机、健康"闻名，其肉质细嫩、味道鲜美、营养丰富，为食用高档鱼类，已成为产地名贵经济鱼类，具有很高的养殖开发价值（周兴华等，2005；魏振邦等，2008；邓君明等，2013；魏杰等，2013；洛桑等，2014；王崇等，2017；王金林等，2019）。目前，仅有齐口裂腹鱼和昆明裂腹鱼等少数裂腹鱼类被驯化养殖成为名优水产养殖种类，产生了良好的经济效益（代应贵和肖海，2011；周礼敬和詹会祥，2013；周礼敬等，2017）。青藏高原地区，尤其是西藏境内裂腹鱼类的开发利用仍以天然捕捞为主，养殖业虽有发展，但生产水平很低（王金林等，2018），因此，深入开展裂腹鱼类人工驯养繁殖技术和经济性状研究，有利于裂腹鱼类种质资源的保护和利用，能有效促进当地农业增效和农民增收，助力我国西南地区乡村振兴。

青藏高原河流纵横交错，湖泊星罗棋布，水系格局极为复杂，是我国乃至亚洲地区主要江河的发源地，素有"亚洲水塔"之称（沈大军和陈传友，1996），特殊的地理环境和气候条件孕育了独特而脆弱的水域生态系统，是我国生物、淡水以及水能等资源的重要储存地，也是我国生态安全屏障的重要组成部分。裂腹鱼类是青藏高原鱼类区系的主体，是栖息于水体中的高级捕食者，是维持高原水域生态系统完整和健康的关键物种，其种群结构和数量的改变通过营养级联效应影响高原水生态系统的结构和功能（马宝珊等，2011；王起等，2019；谢从新等，2019；Heithaus et al.，2008；Heath et al.，2014），对实现青藏高原国家生态安全屏障功能具有重要价值。

二、系统学

（一）分类和系统发育

早期受科研方法的限制，学者们大多采用形态学方法对裂腹鱼类的分类、区系以及系统发育关系开展研究。Heckel（1838）依据几种鲤科鱼类形态特征将它们归为同一属并将此属命名为 *Schizothorax*，从此拉开了裂腹鱼类系统学的研究大幕。最早正式报道西藏裂腹鱼类的是 Günther（1868），他记录了一新种 *Gymnocypris dobula*。Herzenstein（1898）在《普热泽瓦尔斯基从事中亚旅行之科学成果》中记载了裂腹鱼类 10 余种。Regan（1905a，1905b）报道了西藏裂腹鱼类 5 个新种。Lloyd（1908）记载了 6 种西藏裂腹鱼类，其中有 2 种为新种。Stewart（1911）报道了 *Schizopygopsis stoliczkae*、*Gymnocypris waddellii* 和 *Gymnocypris hobsonii*（新种）共 3 个种。Day（1958）在《印度鱼类》中记述了 4 种裂腹鱼类，其中有 3 种分布于西藏。

与国外学者相比，我国学者对裂腹鱼类系统学的研究起步较晚，且主要依据形态特征对西藏裂腹鱼类的分类、区系以及系统发育关系进行了研究。新中国成立以前，因受战乱的影响，仅有伍献文、朱元鼎、方炳文、张春霖、张孝威等少数老一辈鱼类学家，克服环境恶劣、交通不便、科研条件差等诸多制约因素，对青藏高原鱼类进行了研究（西藏自治区水产局，1995）。最具代表性的是朱元鼎教授依据采自西藏的标本，并查阅了很多有关青藏高原裂腹鱼类的文献资料，在其《中国鱼类索引》一书中建立了高原鱼属 *Herzensteinia*。新中国成立以后，随着国内动荡局势的稳定以及科研条件的改善，国内众多鱼类学家先后多次深入青藏高原腹地，对我国西藏裂腹鱼类开展了系统的科学考察，开启了西藏裂腹鱼类分类和系统发育研究的新篇章。曹文宣院士联合其他多位学者曾多次深入青藏高原各大水域，对产自我国的裂腹鱼类进行广泛深入的研究，先后记述了裂腹鱼类 50 多个种和亚种，其中有近 20 个种分布于西藏地区（曹文宣和邓中粦，1962；曹文宣和伍献文，1962；曹文宣，1974；曹文宣等，1981）。张春霖和王文滨（1962）依据中国科学院动物研究所赴藏考察（1960—1961 年）所获标本，报道了产自雅鲁藏布江、色林错、羊卓雍错等地的裂腹鱼类 7 个种。张春霖等（1964a，1964b，1964c）介绍了西藏南部的鱼类，对裸鲤属（*Gymnocypris*）和裸裂尻鱼属（*Schizopygopsis*）进行了重点描述。岳佐和和黄宏金（1964）在《西藏南部鱼类资源》中，总结了前人对西藏鱼类所做的研究，并根据实地考察报道了采自西藏南部的裂腹鱼类 20 个种和 3 个亚种。曹文宣等（1981）论证了在演化过程中裂腹鱼类体鳞、下咽齿以及触须等性状的变化与高原隆升引起的栖息生境的剧变相关，并依此将裂腹鱼类划分为三个不同的等级：原始等级、特化等级和高度特化等级，原始等级裂腹鱼类逐渐被排挤到青藏高原的边缘，特化等级和高度特化等级裂腹鱼类则在很大程度上只限于在高原的中心区域分布，形成了现代这种裂腹鱼类由高原边缘向高原腹地特化的分布格局。武云飞联合其他学者（武云飞和朱松泉，1979；武云飞和陈宜瑜，1980；武云飞，1984，1985）也相继对我国青藏高原鱼类开展了研究，在取得丰富的第一手资料的基础之上，结合前人的工作，编著出版了《青藏高原鱼类》（武云飞和吴翠珍，1992），该书详细记载了分布于西藏境内的裂腹鱼类 27 种和亚种。西藏自治区水产局（1995）出版发行了《西藏鱼类及其资源》，该书详细介绍了分布于西藏地区的裂腹鱼类的分类特征及地理分布等。陈毅峰和曹文宣（2000）在《中国动物志 硬骨鱼纲 鲤形目（下卷）》裂腹鱼亚科一章中，全面论述了我国裂腹鱼类，厘清了很多同物异名，记述了分布于西藏的裂腹鱼类 30 个种和亚种，将我国裂腹鱼类分类学的研究水平提高到一个新的高度。

上述研究表明，全世界裂腹鱼亚科共有 12 属约 121 种和亚种，其中分布于我国境内的达 11 属，约 98 种和亚种（表 1-2）。依据体鳞、下咽齿以及触须等性状特征的差异性，将我国裂腹鱼类 11 属划分为三个不同的等级，即原始等级〔由裂腹鱼属（*Schizothorax*）和扁吻鱼属（*Aspiorhynchus*）组成〕，特化等级〔由重唇鱼属（*Diptychus*）、叶须鱼属（*Ptychobarbus*）和裸重唇鱼属（*Gymnodiptychus*）组成〕，以及高度特化等级〔由裸鲤属、尖裸鲤属（*Oxygymnocypris*）、裸裂尻鱼属、高原鱼属（*Herzensteinia*）、黄河鱼属（*Chuanchia*）和扁咽齿鱼属（*Platypharodon*）组成〕，其中以裂腹鱼属的种类最多，占 50％以上，扁吻鱼属、重唇鱼属、尖裸鲤属、高原鱼属、黄河鱼属和扁咽齿鱼属等 6 个属为单型属，即每个属仅有 1 种（陈毅峰和曹文宣，2000）。此外，学者们对裂腹鱼属和高原鱼属的划分存在争议。《青藏高原鱼类》（武云飞和吴翠珍，1992）中将裂腹鱼属分为弓鱼属（*Racoma*）和裂腹鱼属（*Schizothorax*），弓鱼属中又划分出两个亚属，即弓鱼亚属（*Racoma*）和裂尻鱼亚属（*Schizopyge*）；《中国动物志》（陈毅峰和曹文宣，2000）仅有裂腹鱼属，并根据下颌前缘是否具锐利角质分为裂腹鱼亚属（*Schizothorax*）和裂尻鱼亚属（*Racoma*）。Chu（1935）以小头高原鱼（*Herzensteinia microcephalus*）作为模式种建立高原鱼属，将高原鱼属从裸裂尻鱼属中独立出来，故《中国动物志》中列出高原鱼属，而《青藏高原鱼类》中仍将高原鱼属放在裸裂尻鱼属中。

表 1-2　西藏裂腹鱼类种数（种和亚种数）与其他地区的比较

属名	西藏	青海	甘肃	四川	云南	新疆	中国	全世界
裂腹鱼属（*Schizothorax*）	14	0	3	15	27	8	51	71
裂鲤属（*Schizocypris*）	0	0	0	0	0	0	0	3
扁吻鱼属（*Aspiorhynchus*）	0	0	0	0	0	1	1	1
重唇鱼属（*Diptychus*）	1	0	0	0	0	1	1	1
叶须鱼属（*Ptychobarbus*）	3	0	0	2	1	0	5	5
裸重唇鱼属（*Gymnodiptychus*）	0	0	2	1	1	1	4	4
裸鲤属（*Gymnocypris*）	10	4	2	3	1	0	17	17
尖裸鲤属（*Oxygymnocypris*）	1	0	0	0	0	0	1	1

（续）

属名	西藏	青海	甘肃	四川	云南	新疆	中国	全世界
裸裂尻鱼属（*Schizopygopsis*）	10	3	2	5	0	1	15	15
高原鱼属（*Herzensteinia*）	1	0	0	0	0	0	1	1
黄河鱼属（*Chuanchia*）	0	1	1	1	0	0	1	1
扁咽齿鱼属（*Platypharodon*）	0	1	1	1	0	0	1	1
总计	40	9	11	28	30	12	98	121

21 世纪以来，分子生物学研究结果向传统的形态学研究结果提出了挑战。Chen and Chen（2001）以裂腹鱼属为外类群，利用形态特征构建了特化等级 3 个属的系统关系，得出如下结论：① 特化等级 3 个属 9 个种和亚种形成一个单系群；② 叶须鱼属的 5 个种和亚种并不是一个单系群；③ 裸重唇鱼属的 3 个种形成一个单系群；④ 叶须鱼属和裸重唇鱼属的关系较近，而重唇鱼属是它们的姐妹群。其结果与武云飞和吴翠珍（1992）的研究结果基本一致。He et al.（2004）、何德奎和陈毅峰（2007）先后利用线粒体 *Cyt b* 基因分析了特化等级和高度特化等级裂腹鱼类的系统发育关系，结果表明：① 特化等级和高度特化等级裂腹鱼类都不是一个单系群，裸重唇鱼属、裸鲤属和裸裂尻鱼属都不是一个单系群，而叶须鱼属的 5 个种和亚种构成了一个单系群；② 全裸裸重唇鱼（*Gymnodiptychus integrigymnatus*）可能是特化类群向高度特化类群演化的过渡类型。此外，形态学上，裂腹鱼类曾被视为一个亚科，包含了原始等级、特化等级和高度特化等级 3 个类群。然而，近些年来的分子生物学证据都不支持裂腹鱼类的这种基于形态学特征的类群划分，研究揭示裂腹鱼类并不构成自然分类单元，原始等级与特化、高度特化等级分属两个不同的支系，各自类群还包含若干类属种（王绪祯等，2016；Yang et al.，2015），但鉴于目前的研究程度，有关裂腹鱼类的分类尚未定论。在裂腹鱼类系统发育的研究上，传统形态学方法和现代分子生物学方法一直存在差异和争议，亟待今后能将两者结合，并筛选出更多反映鱼类系统发育的特征来解决这一矛盾。

（二）起源和演化

依据形态学特征，众多学者认为在青藏高原快速隆升过程中，裂腹鱼类由一种原始的类鲃亚科鱼类逐渐演化而来（武云飞和陈宜瑜，1980；曹文宣等，1981；李思忠，1981；武云飞和谭齐佳，1991；Hora，1937；Das and Subla，1963）。古近纪时期，青藏高原鱼类群落包含鲈形目和鲤形目类群，其与现今的鱼类区系组成具有显著性差异。古近纪时期鲤形目主要由广布的类鲃亚科鱼类组成，随着青藏高原的快速隆升，在古近纪至新近纪的某个特定时期，栖息于此的类鲃鱼类的生境发了剧变，为了适应生境的变化，类鲃鱼类身体发生了显著的变化，最终逐渐演变为如今的裂腹鱼类（邓涛等，2020）。Wang and Wu

（2015）在藏北尼玛盆地晚渐新世地层中发现的张氏春霖鱼（*Tchunglinius tchangii*），与现生于南亚和非洲的小型鲃亚科鱼类的亲缘关系较近。这说明在青藏高原隆升的初期，即渐新世时期，张氏春霖鱼等类鲃鱼类栖息于青藏高原水域。具有 3 列咽喉齿的早期原始等级裂腹鱼——大头近裂腹鱼（*Plesioschizothorax macrocephalus*）化石于青藏高原中部伦坡拉盆地早中新世地层中被发现，该发现地点目前的海拔约 4 500 m，处于现生高度特化等级裂腹鱼类的栖息范围，这说明青藏高原自中新世以来的强烈隆升不仅引发裂腹鱼类的起源，还促使了裂腹鱼类等级的分化（武云飞和陈宜瑜，1980；Chang et al.，2008；Deng et al.，2012a）。

现生裂腹鱼类不同种属形态特征的分化以及栖息地海拔阶梯状分布都与青藏高原抬升的历史过程相契合，反映出青藏高原的持续隆升促使现生裂腹鱼类不同种属出现和地理分布的形成（陈宜瑜等，1996；张弥曼和苗德岁，2016；Chang et al.，2010）。尽管近些年来的分子生物学证据揭示裂腹鱼类并不构成自然分类单元，原始等级与特化、高度特化等级分属两个不同的支系，各自类群还包含若干类属种（王绪祯等，2016；Yang et al.，2015），但鉴于目前的研究程度，有关裂腹鱼类的分类尚未定论。因此，在形态学上我们依然认为它们组成一个单系类群，随青藏高原的隆起最终分化为三个不同的等级，即原始等级、特化等级和高度特化等级（陈毅峰，1998；陈毅峰和曹文宣，2000；俞梦超，2017；Kullander et al.，1999）。在由原始等级向高度特化等级演变过程中，裂腹鱼类的体鳞趋于退化、下咽齿行数趋于减少以及触须趋于退化，并形成了 3 个水温递减的连续海拔区间的分布，这些形态和分布特征变化与高原隆起引发的生境条件的剧变相关，是裂腹鱼类演化的主要方向（曹文宣等，1981；张弥曼和苗德岁，2016；Chang et al.，2010）。其中，原始等级裂腹鱼类全身被覆细鳞，具有 3 列咽喉齿和 2 对触须，聚集于海拔 1 250～2 500 m 的水系；特化等级裂腹鱼类胸、腹鳞片退化，减少为 2 列咽喉齿和 1 对触须，生活在海拔 2 750～3 750 m 的水系中；高度特化等级裂腹鱼类全裸无鳞，无触须，咽喉齿为 2 列甚至 1 列，分布于海拔 3 750～4 750 m 的水系中（曹文宣等，1981）。

在青藏高原西南部札达盆地和东北部昆仑山口的上新世地层中均发现了具有 2 列甚至 1 列咽喉齿的高度特化裂腹鱼的化石，这说明高度特化裂腹鱼类是于上新世青藏高原隆升至现代高度和整体规模后才出现的（张弥曼和苗德岁，2016；Chang et al.，2010；Deng et al.，2012b；Wang and Chang，2010）。裸鲤属是高度特化等级类群的代表属，由 10 个现生的种和亚种组成，其分布占据了青藏高原上多数主要水系（武云飞和吴翠珍，1992；陈毅峰和曹文宣，2000）。昆仑山口盆地现今海拔 4 769 m，位于格尔木河流域附近，在其上新世地层中发现了裸鲤属鱼类化石，这提示昆仑山口盆地所在地区在上新世尚可能有比较广阔的水域分布，且东昆仑山脉南北两侧水体可能相连，为高度特化的裂腹鱼类提供了栖息条件，东昆仑山脉晚上新世之后的抬升，使这一地区的水体分隔，促使了现今东昆仑山脉南北两侧裸鲤的分化（邓涛等，2020；Wang and Chang，2010）。

三、空间分布

目前，全世界共有 12 属的裂腹鱼类，其分布范围大体在西北以天山山脉、东北以祁连山脉、东以横断山脉、南以喜马拉雅山脉、西南以兴都库什山脉为界的亚洲高原地区（陈毅峰和曹文宣，2000；Petr，2003）（表 1-3）。中国是裂腹鱼类的集中分布区，总计有 11 属 98 种和亚种裂腹鱼类分布于中国的西藏、新疆、青海、四川、云南、贵州、甘肃、陕西、湖北、湖南等省份的各大高原和山区水体中，其中青藏高原是裂腹鱼类分布最为集中的地区。裂腹鱼类适应高原和山区水体的生活环境，一般栖息于江河的中上游，很少栖息于海拔较低的下游。因此，其分布区气候相对较为寒冷，水体冰凉，饵料生物种类较少，生物量较低，表现出分布区水域生态系统结构简单、脆弱、稳定性较差的特点。

西藏是裂腹鱼类分布较为集中的地区。现知西藏地区有裂腹鱼类 7 属：裂腹鱼属、重唇鱼属、叶须鱼属、裸鲤属、尖裸鲤属、裸裂尻鱼属和高原鱼属，约有 40 个种和亚种，其中以裂腹鱼属的种类最多，有 14 种（表 1-2）。西藏特有的裂腹鱼类有 22 种和亚种，占西藏裂腹鱼类总数的 55%。

裂腹鱼属的 14 个种分布在不同海拔和不同水体区域环境中，其中异齿裂腹鱼（*Schizothorax o'connori*）、拉萨裂腹鱼（*Schizothorax waltoni*）、横口裂腹鱼（*Schizothorax plagionstomus*）、巨须裂腹鱼（*Schizothorax macropogon*）和全唇裂腹鱼（*Schizothorax integrilabiatus*）分布于海拔 3 000～4 500 m 的雅鲁藏布江江段、狮泉河和班公错等水体，其他种类主要分布于金沙江、澜沧江、怒江、独龙江和雅鲁藏布江下游海拔相对较低的河段（海拔 3 000 m 以下）。全唇裂腹鱼分布于河、湖两种水体（狮泉河和班公湖），其他都为河流型鱼类（西藏自治区水产局，1995；陈毅峰和曹文宣，2000；谢从新等，2019）。

重唇鱼属为单型属，在西藏仅见于羌臣摩河，西藏地区以外也分布于塔里木河和伊犁河的上游。叶须鱼属 3 个种，主要分布于金沙江、澜沧江、怒江上游、雅鲁藏布江中游和狮泉河（西藏自治区水产局，1995；谢从新等，2019）。

裸鲤属有 10 个种和亚种，分布于西藏中部内流湖区及与雅鲁藏布江中上游和狮泉河毗邻的内流湖泊中，分布区域海拔 4 000 m 以上。尖裸鲤属是单型属，为西藏特有种，主要分布于雅鲁藏布江中游，分布区域海拔 3 000～4 500 m。裸裂尻鱼属有 10 个种和亚种，软刺裸裂尻鱼（*Schizopygopsis malacanthus*）分布于金沙江，前腹裸裂尻鱼（*Schizopygopsis anteroventris*）分布于澜沧江上游，热裸裂尻鱼（*Schizopygopsis thermalis*）分布于怒江上游源头区，拉萨裸裂尻鱼（*Schizopygopsis younghusbandi*）和高原裸裂尻鱼（*Schizopygopsis stoliczkae*）分布相对较广，分布区内各水系相互隔离，使得不同水系的群体表现出较大的差异性，往往被确定为不同的亚种。高原鱼属是单型属，在西藏仅见于色林错入湖支流扎加藏布，西藏地区以外也见于青海省长江源头区的内外流水体中（西藏自治区水产局，1995；谢从新等，2019）。

表 1-3 裂腹鱼类的地理分布

属名	分布区域											参考文献
	中国	印度	尼泊尔	不丹	巴基斯坦	阿富汗	伊朗	缅甸	哈萨克斯坦	吉尔吉斯斯坦	塔吉克斯坦	
裂腹鱼属 (*Schizothorax*)	+	+	+	+	+	+	+	+	+	+	+	陈毅峰和曹文宣，2000
裂鲤属 (*Schizocypris*)					+	+	+					武云飞和吴翠珍，1992
扁吻鱼属 (*Aspiorhynchus*)	+											Goswami et al.，2012
重唇鱼属 (*Diptychus*)	+	+	+		+				+	+	+	Gurung et al.，2013
叶须鱼属 (*Ptychobarbus*)	+				+							Petr and Swar，2002
裸重唇鱼属 (*Gymnodiptychus*)	+								+	+		Sarkar et al.，2012
裸鲤属 (*Gymnocypris*)	+	+										Rafique and Khan，2012
尖裸鲤属 (*Oxygymnocypris*)	+											Shrestha and Edds，2012
裸裂尻鱼属 (*Schizopygopsis*)	+	+				+	+				+	
黄河鱼属 (*Chuanchia*)	+											
扁咽齿鱼属 (*Platypharodon*)	+											
高原鱼属 (*Herzensteinia*)	+											

注：+表示此处有分布。

四、生物学

开展裂腹鱼类生物学研究，可为其资源保护提供科学依据和理论基础，以及为其人工繁殖和人工养殖提供基础资料（马宝珊等，2011）。裂腹鱼类的生物学研究在我国早期主要见于四川西部甘孜阿坝地区，曹文宣和邓中粦（1962）通过对该地区的鱼类资源进行考察分析，整理出裂腹鱼类 17 种和亚种，并对该地区 9 种裂腹鱼类的年龄与生长、食性和繁殖生物学特性等进行了研究，获取了该地区裂腹鱼类宝贵的基础生物学资料。此后裂腹鱼类这一特殊类群受到相关鱼类学者的广泛关注，并开展了大量的裂腹鱼类生物学研究工作。其中，青海湖裸鲤（*Gymnocypris przewalskii przewalskii*）被研究得较为全面而系统，在基础生物学、生理学、遗传学、栖息环境和种群资源评估等各个方面都有较为详细的报道（青海省生物研究所，1975；陈大庆等，2011）。21 世纪以来，国内一些高校和科研院所等单位的鱼类学者开始深入西藏开展裂腹鱼相关研究，并取得了一些成果。

（一）年龄鉴定

年龄鉴定是鱼类生物学研究的重要内容。准确的年龄数据是开展鱼类生活史和种群动力学研究的基础，也是分析和评价鱼类资源状况的基本数据。直接观察法、渔获物长度分布频率法和钙化组织分析法是估算鱼类年龄的主要方法（谢从新，2010），其中钙化组织分析法使用得最为普遍。不同鱼类种群的生长式型存在差异，其钙化组织上的年轮特征和清晰度也不相同，因此针对不同种群开展年龄研究的时候首先要选择合适的钙化组织作为年龄鉴定材料（Polat et al.，2001）。

裂腹鱼类常用的年龄鉴定材料有耳石、臀鳞、脊椎骨、背鳍条、鳃盖骨等。裂腹鱼类体鳞细小或无鳞片，体鳞不适合用于鉴定年龄，但其所特有的臀鳞曾被广泛用于年龄鉴定（杨军山等，2002；万法江，2004）。然而臀鳞由于在繁殖中的特殊作用（曹文宣等，1981），其边缘易出现磨损和重吸收，因此使用臀鳞鉴定裂腹鱼类的年龄尤其是高龄鱼类会产生一定的偏差，从而降低年龄鉴定的准确性。研究表明，使用鳞片一般会低估生长慢的个体及高龄个体的年龄，而低估年龄可能导致对鱼类生长估计过快和寿命估计过短，从而对资源量做出过于乐观的估算，其结果往往会造成鱼类资源的过度开发（沈建忠等，2001；陈毅峰等，2002b）。

目前普遍认为耳石是鉴定裂腹鱼类年龄的最佳材料，其鉴定的效果优于脊椎骨、背鳍条和鳃盖骨等骨质材料。谢从新等（2019）对异齿裂腹鱼的三种年龄鉴定材料（耳石、脊椎骨和鳃盖骨）进行比较研究，发现耳石是其年龄鉴定的最佳材料，脊椎骨次之，鳃盖骨最差。异齿裂腹鱼脊椎骨的年轮读数在低于 21 龄时与耳石未见显著性差异；但高于 21 龄时，耳石的鉴定结果明显高于脊椎骨。很多学者对裂腹鱼类的不同年龄鉴定材料进行了比较（陈毅峰等，2002c；贺舟挺，2005；郝汉舟，2005；柳景元，2005；杨军山等，2002；朱秀芳和陈毅峰，2009；刘艳超等，2019；谢从新等，2019；Chen et al.，2009），研究结果都表明，耳石是鉴定裂腹鱼类年龄最好的材料，臀鳞、脊椎骨、鳃盖骨和背鳍条等骨质材料的鉴定效果在不同裂腹鱼类中表现不同，但都只适用于低龄鱼的年龄鉴定。

（二）年龄确认

裂腹鱼类生物学研究的关键步骤是获取其准确的年龄和生长数据，然而在年龄鉴定过程中，钙化组织中"假年轮"和"缺轮"的存在会干扰年龄鉴定，影响年龄鉴定的准确性。针对这种现象，Black et al.（2008）提出可以借鉴树轮年代学的交叉定年技术来进行年龄验证。交叉定年技术的原理是外界环境的变化能够引起树木年轮生长宽窄的年际变化，对于同一地区的同一树种，外界环境因子变化对树轮宽度变化的影响是一致的，通过比较同一样本的不同样芯以及不同样本宽窄轮的分布类型，便可以对树木年轮进行定年（马利民等，2003；喻树龙等，2012；Cook and Kairiukstis，1990）。与树轮的形成过程相似，外界环境的季节性波动导致鱼类的生长速率出现周期性的变化，这种周期性的变化体现在鱼类的钙化组织上为环片之间距离的宽窄不同，即鱼类生长快时环片之间的距离较宽，反之，环片之间的距离窄。排列稀疏的环片和排列紧密的环片合起来代表了鱼类在一年中的生长，其总宽度称为生长年带，上一年的生长年带和下一年的生长年带之间的分界线即为年轮（殷名称，1995；谢从新，2010）。通过比较不同样本年轮序列的宽窄情况，可以对鱼类年轮进行定年。因此，以鱼类钙化组织为材料，利用交叉定年技术验证其年龄具有坚实的理论基础。目前，仅 Tao et al.（2015、2018）利用交叉定年技术确认色林错裸鲤（*Gymnocypris selincuoensis*）、拉萨裸裂尻鱼和尖裸鲤（*Oxygymnocypris stewartii*）的年龄。

此外，陈毅峰等（2002b）采用边缘增长率分析了色林错裸鲤臀鳞、背鳍条和耳石年轮的形成时间，并采用边缘型比例分析其轮纹的周年变化，确定三种材料都是每年形成一轮。Qiu and Chen（2009）、Li et al.（2009）和 Jia and Chen（2009）采用边缘增长率分别对拉萨裂腹鱼、双须叶须鱼（*Ptychobarbus dipogon*）和尖裸鲤耳石上的年轮形成时间进行了确认。Ma et al.（2011）对异齿裂腹鱼耳石的首轮位置通过日轮计数的方法进行确认，并利用边缘增长率和边缘型分析法对耳石、脊椎骨和鳃盖骨年轮形成周期进行了确认。Ding et al.（2015）通过对色林错裸鲤人工繁殖仔鱼和野生仔鱼的耳石轮纹的对比观察，确定第一个日轮形成时间，并确认日轮的形成周期，即一天形成一个日轮。柳景元等（2005）对拉萨裸裂尻鱼耳石重量与年龄做了相关性分析，分析结果显示两者高度相关，各年龄组间耳石重量交叉重叠相对较少，用耳石重量与年龄关系估计的年龄与实际观测的年龄无显著差异，因此认为，耳石重量可作为验证裂腹鱼类钙化组织年龄鉴定准确性的辅助手段。

（三）生长研究

生长研究是裂腹鱼类生物学研究的基础。鱼类的生长是在新陈代谢过程中物质和能量不断积累的结果，也是由其遗传所决定的生长潜力与机体在生长过程中所处的环境条件相互作用的结果，具体表现为体长和体重的增长（郝汉舟，2005）。不同的鱼类往往呈现出不同的生长过程和生长规律（Horn，2002）。在年龄鉴定的基础上，许多学者对裂腹鱼类的生长特征进行了研究，见表 1-4。从表 1-4 中可以看出，西藏大部分裂腹鱼类的生长

表1-4 文献中西藏裂腹鱼类生长参数的比较

种类	采样点	年龄材料	样本数	体长(mm)	年龄	性别	L_∞ (mm)	k (/a)	t_0	$\varnothing$	参考文献
异齿裂腹鱼 (S. o' conori)	拉萨河	耳石	125	169~483	3~17	总体	554.0	0.094 3	−0.874 9	4.461 5	贺舟挺，2005
	雅鲁藏布江	耳石	176	53~492	2~24	雌鱼	492.4	0.113 3	−0.543 2	4.438 9	Yao et al.，2009
			219	53~422	2~18	雄鱼	449.0	0.126 0	−0.474 6	4.404 9	
	雅鲁藏布江	耳石	521	33~553	1~50	雌鱼	576.9	0.081 0	−0.846 0	4.430 7	谢从新等，2019
			428	33~460	1~40	雄鱼	499.7	0.095 0	−0.896 0	4.375 7	
拉萨裂腹鱼 (S. waltoni)	拉萨河	耳石	170	150~288	2~11	总体	466.0	0.120 1	−2.523 1	4.416 3	郝汉舟，2005
	雅鲁藏布江	耳石	42	202~580	4~28	雌鱼	691.1	0.056 0	−2.466 0	4.427 3	Qiu and Chen，2009
			59	210~457	5~18	雄鱼	689.8	0.051 0	−3.275 0	4.385 0	
	雅鲁藏布江	耳石	448	41~636	1~40	雌鱼	668.1	0.076 0	0.481 0	4.530 5	谢从新等，2019
			377	41~499	1~37	雄鱼	560.4	0.083 0	0.161 0	4.416 1	
	雅鲁藏布江	背鳍条	126	—	2~16	雌鱼	656.8	0.053 0	−3.305	4.359 1	朱秀芳和陈毅峰，2009
			111	—	2~16	雄鱼	496.2	0.074 0	−4.017	4.260 5	
巨须裂腹鱼 (S. macropogon)	雅鲁藏布江 (2008—2009)	耳石	230	98~474	1~24	雌鱼	500.0	0.123 0	−0.392	4.487 8	谢从新等，2019
			188	98~421	1~17	雄鱼	449.5	0.166 0	−0.020	4.525 6	
	雅鲁藏布江 (2012)	耳石	129	78~460	1~24	雌鱼	517.3	0.100 0	−0.956	4.427 5	
			133	78~416	1~19	雄鱼	490.4	0.105 0	−0.866	4.402 3	
全唇裂腹鱼 (S. integrilabiatus)	雅鲁藏布江	耳石	252	44~205.1	1~7	总体	271.5	0.154 0	−0.527 0	4.055 0	龚君华等，2017

（续）

种类	采样点	年龄材料	样本数	体长 (mm)	年龄	性别	生长参数 L_∞ (mm)	k (/a)	t_0	$\varnothing$	参考文献
双须叶须鱼 (P. dipogon)	拉萨河	耳石	203	70~490	1~44	雌鱼	598.7	0.089 8	-0.726 1	4.507 6	Li and Chen, 2009
	拉萨河		141	70~593	1~23	雄鱼	494.2	0.119 7	-0.729 6	4.465 9	
	尼洋河	臀鳞	203	135~691	2~15/18	总体	489.9	0.119 0	-0.245 0	4.455 8	王强等, 2017
	雅鲁藏布江	耳石	455	78~554	2~24	雌鱼	606.9	0.114 0	-0.163 0	4.623 1	谢从新等, 2019
	雅鲁藏布江		303	78~439	2~13	雄鱼	493.6	0.162 0	0.019 0	4.601 0	
尖裸鲤 (O. stewartii)	雅鲁藏布江	耳石	182	117~546	1~20	雌鱼	877.5	0.106 9	0.572 8	4.915 3	Jia and Chen, 2011
	雅鲁藏布江		92	104~441	3~9	雄鱼	599.4	0.168 6	0.617 1	4.782 3	
	雅鲁藏布江	耳石	373	45~587	1~25	雌鱼	618.2	0.106 0	0.315 0	4.607 6	谢从新等, 2019
	雅鲁藏布江		206	45~455	1~17	雄鱼	526.8	0.141 0	0.491 0	4.592 5	
	拉萨河	耳石	97	125~366	2~9	雌鱼	531.5	0.130 5	-0.355 6	4.566 6	柳景元, 2005
	拉萨河		88	114~332	2~9	雄鱼	603.8	0.110 0	-0.542 4	4.603 2	
拉萨裸裂尻鱼 (S. younghusbandi)	雅鲁藏布江	耳石	267	84~387	3~18	雌鱼	471.4	0.078 9	0.200 0	4.243 9	Chen et al., 2009
	雅鲁藏布江		172	66~311	3~16	雄鱼	442.7	0.073 8	-1.400 0	4.160 3	
	雅鲁藏布江	耳石	442	26~423	1~17	雌鱼	433.9	0.194 0	0.397 0	4.561 6	谢从新等, 2019
	雅鲁藏布江		164	26~337	1~12	雄鱼	338.4	0.233 0	0.403 0	4.426 2	
高原裸裂尻鱼 (S. stoliczkae)	狮泉河	臀鳞	94	150~400	4~15	总体	446.3	0.164 2	3.421 0	4.514 6	万法江, 2004
裸腹叶须鱼 (P. kaznakovi)	怒江	耳石	225	65~395	1~13	总体	699.6	0.061 0	-0.842 9	4.475 0	李钊, 2019
色林错裸鲤 (G. selincuoensis)	色林错	耳石	138	34~430	1~29	雌鱼	485.3	0.071 0	0.567 9	4.223 3	陈毅峰等, 2002a
	色林错		121	34~405	1~26	雄鱼	484.2	0.068 4	0.602 8	4.205 1	
错鄂裸鲤 (G. cuoensis)	错鄂湖	耳石	62	182~460	7~29	总体	639.7	0.029 1	-4.675 9	4.075 9	杨军山等, 2002
	错鄂湖	臀鳞	62	182~460	7~24	总体	571.1	0.035 0	-4.674 0	4.057 5	

系数（k）在 0.1/a 左右，表明其为慢速生长鱼类；表观生长指数（Ø）介于 4.06～4.92；雌鱼所达到的渐近体长大都比雄鱼大。裂腹鱼类为冷水性鱼类，其生长缓慢，性成熟晚，寿命较长，拐点年龄大多在 10 龄以上，这说明西藏裂腹鱼类的生活史对策多数属于 K-选择类型，而 K-选择者对人类活动的扰动相当敏感，资源一旦遭受破坏，恢复较为困难。

针对裂腹鱼类生长特征，普遍的研究方法是根据经验和文献选择一个所谓的"最优"生长模型（绝大部分选择 von Bertalanffy 生长模型）用于描述和推断研究对象的生长特性，当然也有学者同时拟合几个备选生长模型，根据合适的模型选择标准从备选模型中选择一个所谓的"最优"生长模型用于描述和推断研究对象的生长特性。无论采用上述哪种研究方法，"最优"这一研究思维始终贯彻其中，然而我们选择出来的"最优"生长模型只是针对手头上现有数据的最优，这并不代表其能够最优地描述和推断研究对象的生长特性。信息理论方法打破了"最优"的研究思维，该方法利用备选模型构建加权生长模型，与"最优"生长模型相比，加权生长模型能够更为稳健地描述和推断研究对象的生长特点，从而有效降低模型的选择误差（Burnham and Anderson，2002；Higgins et al.，2015）。生长是开展鱼类生物学和生态学特性研究的基础，生长的细微改变会对鱼类种群的死亡率、生物量和分布产生重大影响，是构建渔业资源评估模型以及评估人类活动和环境因子波动对鱼类种群影响的基础（Rochet and Trenkel，2003；Mercier et al.，2011；Rountrey et al.，2014）。因此，考虑裂腹鱼类生活史对策多属于 K-选择类型，后续关于裂腹鱼类生长方面的研究，建议学者们能够引入信息理论以降低研究结果的误差，为裂腹鱼类资源的保护和利用提供更为科学的参考数据。

此外，徐滨等（2021）采用实验生态学的方法对拉萨裂腹鱼仔稚鱼的生长特性进行了研究，结果表明：拉萨裂腹鱼仔稚鱼的多数外部器官均具有异速生长特点，这种异速生长模式，能够保证重要功能器官的充分发育，有效地保障了由内源性营养转为外源性营养的生存能力。

上述研究主要从内在因素方面（年龄）研究了裂腹鱼类的生长特征，而对裂腹鱼类的生长对外在因素的响应特征却知之甚少，仅见 Tao et al.（2015、2018）报道了气候变化对西藏三种裂腹鱼生长的影响。建议学者们多关注裂腹鱼类对外在因素响应方面的研究，进一步丰富裂腹鱼类生物学资料。

（四）食性

裂腹鱼类的摄食及其食物关系是高原地区水域生态系统能量流动和物质循环的重要环节，食性研究是鱼类生态学研究的重要内容（段友健，2015）。目前关于裂腹鱼类食性的研究大部分限于食物组成和摄食消化器官方面，主要侧重于食物组成的定性描述，仅有少数食性定量研究的相关报道。

西藏裂腹鱼类按食物组成情况大体上可分为三类：①以着生藻类为主食的裂腹鱼亚属和裸裂尻鱼属；②以食底栖无脊椎动物为主的裂尻鱼亚属、叶须鱼属和裸鲤属；③主食鱼类的尖裸鲤属（武云飞和吴翠珍，1992；季强，2008）。曹文宣等（1981）报道了重唇鱼属兼食着生藻类和底栖无脊椎动物，而高原鱼属则特化为专食着生藻类。万法江（2004）对高原裸裂尻鱼河湖两个亚种［高原裸裂尻鱼（*Schizopygopsis stoliczkae stoliczkae*）和班公湖裸裂尻鱼（*Schizopygopsis stoliczkae bangongensis*）］的食性进行了比较分析，结果表明前者主要以浮游植物和有机碎屑为食，后者主要以水生昆虫和有机碎屑为食，并且前者摄食强度大于后者。谢从新等（2019）报道，雅鲁藏布江中游 6 种裂腹鱼类的食性可划分为三类：①植食性鱼类，包括异齿裂腹鱼和拉萨裸裂尻鱼，主要摄食着生藻类，兼食水生昆虫幼虫；②凶猛肉食性鱼类，仅尖裸鲤一种，主要捕食鱼类，兼食水生昆虫幼虫；③温和肉食性鱼类，包括双须叶须鱼、拉萨裂腹鱼和巨须裂腹鱼，主要摄食水生昆虫幼虫，兼食有机碎屑和高等水生植物。李雷等（2020）采用碳、氮稳定同位素技术分析了 2018 年秋季兰格湖裸鲤（*Gymnocypris chui*）和拉孜裸鲤（*Gymnocypris scleracanthus*）的食物组成，结果表明，兰格湖裸鲤主要摄食水生昆虫幼虫和着生藻类，拉孜裸鲤主要摄食水生昆虫幼虫和着生藻类，并兼食水生维管束植物。上述学者的研究成果与对西藏裂腹鱼类食性的划分基本一致。

武云飞和吴翠珍（1992）简要介绍了裂腹鱼类的摄食器官的形态特征和摄食方式。季强（2008）以较少的样本量初步研究了雅鲁藏布江中游 6 种主要经济裂腹鱼类的食物组成，并定性地探讨了这 6 种裂腹鱼类摄食消化器官形态结构与其食性的相互关系。谢从新（2019）通过对雅鲁藏布江中游 6 种裂腹鱼类食性与其摄食消化器官形态的适应性研究发现：咽齿形态、口部形态（口位和口裂大小）、鳃耙间距、下颌角质形态等特征在很大程度上决定了裂腹鱼类的食性。裂腹鱼类摄食与消化器官的形态差异是导致它们食物差异的原因之一，这也是其对雅鲁藏布江中可利用的饵料生物较为贫乏这一特定食物环境的长期进化适应的结果。王起等（2019）分析了怒江西藏段的怒江裂腹鱼（*Schizothorax nukiangensis*）、裸腹叶须鱼（*Ptychobarbus kaznakovi*）和热裸裂尻鱼 3 种裂腹鱼类食物多样性及消化器官形态的种间差异，结果显示，食物多样性指数和形态指标具有种间差异性，其中头部和肠道的形态差异最为显著。

（五）繁殖策略

1. 性腺发育

鱼类的性腺发育具有较显著的阶段性和周期性，包括精、卵从形成到产出以及伴随的性器官机能化的全过程。鱼类性腺发育和成熟的同时伴随着性细胞的分化和成熟，这一过程受鱼类自身激素水平的调节，也受外界环境条件的影响。根据不同时期的发育特征，常采用目测法、组织学法、性体指数法和卵径测定法等来研究鱼类的性腺发育程度（殷名称，1995）。

Bisht and Joshi（1975）较为系统地描述了理氏裂腹鱼（*Schizothorax richardsonii*）卵巢发育的周年变化、卵巢外部形态的分期特征以及卵母细胞时相；何德奎等（2001a、2001b）采用常规组织切片法，对西藏特有鱼类色林错裸鲤和纳木错裸鲤（*Gymnocypris namensis*）的性腺发育等进行研究，系统地描述了各期精巢和卵巢的结构特征及其变化，论述了其卵巢中卵细胞的卵黄核破碎与分解的特点、卵膜的结构、核仁排出物在卵黄形成过程中的作用以及卵粒重吸收的过程。各期卵巢中卵母细胞的组成情况表明纳木错裸鲤和色林错裸鲤已达性成熟的个体并不是每年都参与繁殖活动，而是具有繁殖间隔现象，这种繁殖特点是对极端、多变的高原气候环境的一种生态适应。谢从新等（2019）以尖裸鲤、拉萨裂腹鱼和拉萨裸裂尻鱼为对象，较为系统地描述了裂腹鱼类性腺的解剖结构和显微结构以及卵母细胞的发育时相。

2. 繁殖特性

西藏裂腹鱼类通常在 4～10 龄达性成熟，雌鱼的性成熟时间通常较雄鱼晚。裂腹鱼类繁殖活动起始于 2 月，并可延续至当年 8 月，大部分种类集群产卵于 3—5 月，因海拔不同而造成的气候和环境差异，使得处于不同栖息地的裂腹鱼类表现出不同的产卵旺季（何德奎等，2001a、2001b；杨汉运等，2011；谢从新等，2019；曾本和等，2020）。此外，不同特化等级的裂腹鱼繁殖时间也有所不同：高级特化种类在冰冻融化后即开始繁殖，水温仅 3℃，而原始种类在水温 10℃ 以上才开始繁殖（武云飞，1985）。全球气候持续变暖也会对裂腹鱼的繁殖活动产生一定的影响，Tao et al.（2018）研究发现，由于气温上升，20 世纪 70 年代到 21 世纪初，色林错裸鲤的繁殖时间平均每 10 年提前 2.9 d。

不同月份不同体长组的繁殖群体雌雄比有所不同，一般而言雌鱼要多于雄鱼（武云飞和吴翠珍，1992），但少数种类雄鱼多于雌鱼（杨汉运等，2011）。大部分裂腹鱼类的性成熟个体，雌鱼的臀鳍鳍条较雄鱼长，其中以裸鲤属和裸裂尻鱼属的雌雄异型现象最为明显。例如高原裸鲤（*Gymnocypris waddelli*）雌鱼臀鳍呈椭圆形，末端尖形，边缘光滑无缺刻；雄鱼臀鳍短宽而呈圆形，边缘有较深的缺刻，最后 2 枚分支鳍条具有明显的角质倒钩。在繁殖季节，裂腹鱼类雌雄个体通常具有副性征，繁殖期间亲鱼的臀鳞及臀鳍有明显的增厚现象；有些成熟雄鱼的背部、尾柄和各个鳍条分布珠星，其中背鳍和臀鳍上的珠星最为明显（曹文宣和伍献文，1962；杨汉运等，2011；谢从新等，2019）。

西藏裂腹鱼类属间个体差异较大，其繁殖力也各有不同，绝对繁殖力范围一般为 1 000～56 907 粒，相对繁殖力范围一般为 5～114 粒/g。一般来讲，裂腹鱼类的繁殖力随体长、体重的增加而相应增多，个体繁殖力与体长的相关性比体重更显著（陈毅峰等，2001；万法江，2004；李秀启等，2008；杨汉运等，2011；李钊，2019；谢从新等，2019）。与低海拔地区的淡水鱼类相比，高海拔裂腹鱼类相对繁殖力较低，但卵径大、数量少、卵黄较多，这种特性保证了孵化后的仔鱼成活率，是鱼类在长期进化过程中适应自然环境的结果（谢从新等，2019）。根据卵母细胞在卵巢中的发育形态，将产卵类型分为完全同步型、分批同步型和分批非同步型三种类型（施琅芳，1991）。西藏裂腹鱼类的产卵类型主要有两种：①一次性产卵类型，如高原裸裂尻鱼、横口裂腹鱼和异齿裂腹鱼等（万法江，2004；李钊，2019；谢从新等，2019）；②分批同步产卵类型，第二批成熟卵粒的数量大大少于第一批，如色林错裸鲤和纳木错裸鲤（何德奎等，2001a、2001b）。裂腹鱼类产卵场通常位于河流岸边浅水带，水深 0.3～1.0 m，水质清澈，底质多是石块和鹅卵石；产卵前具有短距离产卵洄游行为；较为分散的产卵场，有利于仔稚鱼分散摄食，是裂腹鱼类对食物贫乏的适应。裂腹鱼类的臀鳞具有保护泄殖孔的作用，是保证其在流水环境中繁殖的适应性结构（曹文宣等，1981；谢从新等，2019）。

3. 早期发育

裂腹鱼类的卵为沉性卵，刚产出时具轻微黏性，卵径较大，一般为 2.5～3.0 mm。裂腹鱼类的早期发育在各组织器官的形成时序上有略微的种属差异。张良松（2011）对人工繁殖的异齿裂腹鱼的早期发育进行观察，描述了从受精卵到卵黄囊期仔鱼发育时期的时序和形态特征。刘艳超等（2018）采用实验生态学方法研究温度对尖裸鲤胚胎发育的影响，结果表明，随着温度的升高，胚胎的孵化时间缩短，发育速度加快，有效积温在水温为 11℃ 时最低，为 2 356.4℃。Zhu et al.（2019）对拉萨裸裂尻鱼稚鱼的最优生长温度和热耐受性进行了研究，发现稚鱼的低温驯化反应率（0.097）要低于其他大部分鱼类，说明拉萨裸裂尻鱼稚鱼的热耐受范围窄，对全球变暖的适应能力较差，建议拉萨裸裂尻鱼苗种培育的水温维持在 15℃ 左右。刘海平等（2019a）报道，巨须裂腹鱼胚胎具有独特的发育时序，即体节的出现先于胚孔封闭，这可能是对高原环境的一种适应和进化；同年，其又报道了双须叶须鱼卵径为 3.7～3.9 mm，吸水后的卵径可达 5.1～5.3 mm，在水温 10℃ 左右的条件下，经历 336.02 h 孵化出膜，其胚胎发育可分为准备卵裂阶段、卵裂阶段、囊胚阶段、原肠阶段、神经胚阶段、器官分化阶段、孵化阶段共 7 个阶段 34 个时期（刘海平等，2019b）。谢从新等（2019）报道了 4 种裂腹鱼类的胚胎发育过程，可分为受精卵、胚盘形成、卵裂、囊胚、原肠胚、神经胚、器官分化和孵化出膜 8 个阶段，这 4 种裂腹鱼类胚胎发育的有效积温分别为 2 737.52～2 982.63℃、2 399.08～2 488.21℃、3 031.01～3 101.84℃ 和 2 894.51～2 906.97℃。徐滨等（2020）采用显微观察法，对拉萨裂腹鱼的胚胎及仔鱼发育各时期的形态特征和发育特点进行研究，结果表明受精卵呈圆形、黄色，卵径为 2.53 mm，胚胎发育水温不宜超过 17℃，在（13±1）℃ 水温下，胚胎发育历时 225 h 10 min，积温为 2 838.79℃，根据发育时胚胎的外部形态特征，将胚胎发育的过程划分为受精卵期、胚盘期、卵裂期、囊胚期、原肠期、神经胚期、器官分化期和出膜期 8 个阶段。杨威等（2021）报道了水温 12～16℃ 时拉萨裸裂尻鱼胚胎发育历时 235 h，根据胚胎发育的外部形态及典型特征，将其分为受精卵、胚盘期、卵裂期、囊胚期、原肠胚期、神经胚期、器官形成期和孵化 8 个阶段。

五、遗传多样性

遗传多样性是生物多样性的重要组成部分，是物种长期生存适应和发展进化的产物。一个物种遗传多样性越高或遗传变异越丰富，对环境变化的适应能力就越强。研究裂腹鱼类遗传多样性可以揭示该亚科的进化历史，为其生物多样性保护和资源的可持续利用提供一定的科学依据（谢从新等，2019）。Chen et al.（2015）采用线粒体序列对怒江裂腹鱼 9 个群体的遗传结构进行了分析，结果发现，环境异质性、扩散能力和冰川周期导致三江口群体与其他 8 个群体显著分离，建议当作 2 个种群单元进行管理；Chan et al.（2016）采用线粒体 D-loop 序列分析了软刺裸鲤（*Gymnocypris dobula*） 3 个群体的遗传多样性和分化现状，结果表明，94 尾个体中共发现 14 个多态位点，定义了 50 个单倍型，84.91％的分子差异源于群体间，多庆错与其他 2 个群体的分化最为显著；郭向召（2017）开发了三种裂腹鱼的多态性微卫星（SSR）分子标记，并采用线粒体 DNA 细胞色素 b 和控制区（mtDNA Cyt b 和 CR）序列以及 SSR 两类分子标记，对雅鲁藏布江中游流域 3 种裂腹鱼类的群体遗传多样性、遗传结构和历史动态进行了评估和分析，结果表明，异齿裂腹鱼 7 个群体、拉萨裂腹鱼 5 个群体和巨须裂腹鱼 4 个群体的各群体总体上表现出较高的遗传多样性，建议在制定其种质资源保护和管理策略时，将 3 种裂腹鱼整体上划分为 5 个管理单元，即日喀则、扎雪＋墨竹工卡、曲水＋山南、米林＋派镇、波密。马海鑫（2019）利用特异性位点扩增片段测序技术，分析了两个弧唇裂腹鱼（*Schizothorax curvilabiatus*）群体的遗传多样性和亲缘关系，结果表明，墨脱群体的遗传多样性高于易贡湖群体，两群体之间仅产生了中等程度的遗传分化，亲缘关系较近。俞丹等（2019）以线粒体 *Cyt b* 基因为分子标记，对雅鲁藏布江下游墨脱江段及察隅河的墨脱裂腹鱼（*Schizothorax molesworthi*）进行遗传多样性及种群历史动态分析，结果显示，167 尾墨脱裂腹鱼样本共检测到 21 个单倍型，呈现较高的单倍型多样性和较低的核苷酸多样性，金珠藏布种群与其他种群分化较为显著。

六、资源利用

西藏裂腹鱼类是我国的宝贵资源，不仅对促进当地水产养殖业的发展具有重要意义，而且对研究生物地理学和鱼类演化等也具有极为重要的科学参考价值。考古工作者在雅鲁藏布江支流拉萨河流域和雅鲁藏布江与其支流尼洋河交汇处的多处遗址发现鱼骨和捕鱼的网坠，说明在距今 3 500 年至 4 000 多年时，在西藏腹地雅鲁藏布江流域广阔范围内的藏族先民曾从事渔猎生产活动，存在食鱼习俗（中国社会科学院考古研究所和西藏自治区文物局，1999；次旺罗布，2010）。由于历史及社会等条件的限制，西藏虽有较为丰富的鱼类资源，但在较长的历史时期内，这些丰富的资源基本未被开发利用。总体来讲，1959 年以前受宗教信仰影响，西藏捕捞业基本处于停滞状态。1959 年以后，随着西藏军区生产部羊卓雍错渔业捕捞队的成立、党的十一届三中全会以后改革开放政策的贯彻落实、其他省份渔民进藏生产，以及捕鱼技术的提高和捕鱼工具的改进，全区鱼产量大幅度提高，由 20 世纪 60 年代的 255 t 上升到 1995 年的 1 291 t（蔡斌，1997）。21 世纪以来，随着西藏经济建设的高速发展，对本地水产品的需求越来越大，以雅鲁藏布江中游流域为代表的水域已经出现了裂腹鱼类资源衰退的趋势，需要对西藏土著鱼类资源的保护及其持续利用等问题进行深入的科学研究和分析，并结合新时代背景下西藏社会经济高质量发展的实际需要，有计划、有步骤地对其加以合理开发利用。

（一）资源现状

受当地特殊而严酷的高原环境的影响，西藏鱼类资源较为独特而脆弱，表现为种群的高度单一性和一致性、寿命长、生长缓慢、性成熟晚、繁殖力低以及存在地理隔离等特点，这些特点使其对人类活动的干扰极其敏感，鱼类资源一旦遭到破坏，将很难恢复（曹文宣等，1981；武云飞和吴翠珍，1992；谢从新等，2019；Chen et al.，2009；Li et al.，2009）。为此，需要对西藏鱼类资源的现状进行评估，为资源的科学合理养护提供基础数据。

20 世纪 90 年代以来，我国鱼类学家先后赴西藏开展鱼类资源利用等方面的工作。1992—1994 年，陕西动物研究所、中国科学院动物研究所和西藏自治区水产局的专家学者对全区主要江河湖泊进行了较为全面的调查，根据以往多年捕捞量、资源变化情况、水体生产力等综合因素进行资源评估，西藏湖泊鱼类蕴藏量约为 1.37×10^4 t，江河鱼类蕴藏量约为 4.06×10^3 t（蔡斌，1997；张春光和贺大为，1997）。早期的渔业产量是较为可观的，但 2000 年以后对雅鲁藏布江及其支流的渔业资源调查表明，近十多年的捕捞，特别是毒鱼、电捕鱼等导致许多土著鱼类种群数量急剧下降，甚至灭绝。洛桑等（2011）发现，2005—2010 年拉萨河鱼类物种丰富度明显下降。2005—2009 年林芝地区裂腹鱼类捕捞量明显下降，年渔业产量由 58 t 下降到 38 t，裂腹鱼类资源衰退严重（张良松，2011）。谢从新等（2019）利用单位补充量模型对雅鲁藏布江中游流域 6 种裂腹鱼类资源现状进行了评估，结果显示，4 种裂腹鱼类的种群资源处于过度开发状态。李雷等（2021）对雅鲁藏布江中游渔业资源进行了调查，发现双须叶须鱼和尖裸鲤的种群资源量稀少，已处于濒危状态。

资源量的衰退已引起国内外相关学者的关注。《西藏鱼类及其资源》（西藏自治区水产局，1995）中将横口裂腹鱼、墨脱裂腹鱼、锥吻叶须鱼（*Ptychobarbus conirostris*）、软刺裸鲤、尖裸鲤和小头高原鱼列为西藏的保护鱼类。《中国物种红色名录》（汪松和解焱，2009）中对裂腹鱼类的濒危等级进行评估，列入野外绝灭 1 种、极危 3 种、濒危 15 种、易危 7 种，其中分布于西藏的裂腹鱼类濒危种有澜沧裂腹鱼（*Schizothorax lantsangensis*）、异齿裂腹鱼、拉萨裂腹鱼、巨须裂腹鱼和尖裸鲤等 5 种，易危种有全唇裂腹鱼、裸腹叶须鱼和高原裸鲤等 3 种。李雷等（2019）对雅鲁藏布江特有的 6 种裂腹鱼类优先保护等级进行评定，将尖裸鲤列为一级优先保护鱼类，双须叶须鱼列为二级优先保护鱼类，巨须裂腹鱼和拉萨裂腹鱼列为三级优先保护鱼类，异齿裂腹鱼和拉萨裸裂尻鱼列为四级优先保护鱼类，等级评价与实际科研调查的种群资源状况基本一致。朱挺兵等（2021）对澜沧江西藏段 4 种裂腹鱼类的保护等级进行了评价，将裸腹叶须鱼列为二级优先保护鱼类，前腹裸裂尻鱼列为三级优先保护鱼类，澜沧裂腹鱼和光唇裂腹鱼（*Schizothorax lissolabiatus*）列为四级优先保护鱼类。此外，2021 年更新的《国家重点保护野生动物名录》已将栖息于西藏水体中的尖裸鲤、巨须裂腹鱼和拉萨裂腹鱼等 3 种裂腹鱼类列为二级保护动物。

(二) 资源衰退原因

根据实地调查和文献报道，近十几年来，西藏裂腹鱼类资源量呈现不断衰退之势，普遍认为酷渔滥捕、水利工程和生物入侵是威胁西藏裂腹鱼类资源的三大原因（陈锋，2009；陈锋和陈毅峰，2010；杨汉运等，2010；洛桑等，2011；张驰等，2014；刘海平等，2018；户国等，2019；谢从新等，2019）。①过度捕捞：近年来，西藏社会经济的发展加大了对本地野生鱼类资源的需求，为了获取高额的经济利益，渔民对其进行滥捕酷捕，导致其资源量的衰竭。②外来物种入侵：随着入侵种在西藏逐渐形成自然种群，和土著鱼类产生生态位和食物等竞争，造成目前裂腹鱼类种群数量锐减；此外，鱼类的不科学"放生"导致大量外来物种入侵，对土著鱼类构成严重威胁（扎西拉姆等，2017）。③水利工程：水电站等工程建设改变了河流的原有水文情势，引起裂腹鱼类原有生境条件的改变，压缩了其生存空间（沈红保和郭丽，2008）。

近几十年来，西藏的气温和降雨量等气候因子的变化幅度显著地高于全国乃至全球水平（秦大河和翟盘茂，2021；Kuang and Jiao，2016；You et al.，2021），因此，与其他地区相比，气候变化对青藏高原鱼类资源的选择性压力可能更为显著。气候变化通过改变水温、溶解氧、饵料的种类和丰度等生境条件，影响水体中鱼类种群的补充、生长、死亡以及分布状况，最终导致鱼类种群的结构和资源量发生改变（Ficke et al.，2007；Lynch et al.，2016）。面对全球气候变化诱导的水域生态环境的改变，海洋鱼类可以通过大规模地向高纬度水域迁移来适应，而西藏裂腹鱼类由于青藏高原的天然隔离属性，其通常通过改变生活史特征甚至灭绝来响应，因此，全面理解裂腹鱼类生活史特征对气候变化的响应机制更为迫切。然而，与上述影响裂腹鱼类资源的三大因素相比，大时间尺度上的气候变化对裂腹鱼类自身及其栖息地所产生的持续而缓慢的影响常常被人们所忽视，并已成为科学和合理地开展其资源养护工作的短板。

(三) 保护措施

大量的文献资料（张春光和邢林，1996；蔡斌，1997；陈锋和陈毅峰，2010；张驰等，2014；扎西拉姆等，2017；李雷等，2019；户国等，2019；谢从新等，2019）对西藏裂腹鱼类的养护提出了独到的见解，归纳如下。

1. 健全渔业政策法规

根据现有的国家渔业法律法规，并结合西藏鱼类资源的现状，修订流域渔业资源保护法规，使之与当地渔业发展相契合。

2. 加强渔业资源监督管理体系

再完善的渔业法律法规体系，如果缺失强有力的监督管理，最终会沦为一纸空文。建议从政策倾斜、财政支持、人才引进以及设备完善等方面切实加强渔政管理部门的执法水平和能力。

3. 增强民众渔业资源保护的自觉性

采用线上和线下等多种形式宣传渔业资源保护的必要性，使广大民众明确渔业资源保护的目的和意义，提高普通民众保护渔业资源的自觉性，发挥广大民众的监督作用。

4. 构建流域内渔业资源的长期监测体系

渔业资源不是一成不变的，而是时刻处于动态平衡中，建立渔业资源的长效监测机制，有助于及时掌握其现状，准确预测其发展趋势，提高资源养护措施的科学性和针对性。

5. 加强外来鱼类的管控

通过开展外来鱼类的长期监测，研究外来鱼类的生态控制技术，完善鱼类引种安全管理制度，构建外来鱼类数据库和风险评价指标体系，建立外来鱼类养殖许可制度等措施，加强对外来鱼类引入和扩散途径的管控，减缓现有外来鱼类对流域水生态系统的影响。

6. 加强水质污染的综合防治和管理

地方经济发展过程中坚持"绿色高质量发展"的理念，统筹协调经济建设与生态保护，加强对污染源的监测和管理。做到城镇污染物达标排放，种植业精准施肥，加强沿岸化工、制革和矿山开发等企业数量和规模的控制以及落后工艺的改造等，切实改善流域水质的污染现状。

7. 实施水利工程的补偿措施

在尚未修建水利工程的支流，不再规划修建，并在该支流建立土著鱼类保护区；禁止采沙和采石活动，维持河道底部的原有生境特征，减少对土著鱼类繁殖场的破坏；通过改造和投放人工鱼巢等措施，建立人工产卵场，同时结合水库生态调度，促进土著鱼类的自然繁殖。构建土著鱼类人工繁育技术体系，提高土著鱼类的人工增殖放流效果。

8. 发展裂腹鱼养殖业

在保护野生裂腹鱼类资源的同时，提高人工繁殖技术，大力发展裂腹鱼养殖业，满足市场对裂腹鱼的需求。

9. 建立风险规避措施

依据裂腹鱼相关基础研究数据，建立计算机仿真模型，对当前渔业管理政策进行风险评估，针对评估结果制定行之有效的风险规避措施。

第四节　调查研究的必要性

山和水是青藏高原的重要组成部分，境内山脉连绵不绝，湖泊星罗棋布，生态环境较为脆弱，独特的自然地理环境形成了具有民族和地域特征的自然崇拜文化，即藏族同胞把人的精神或灵魂与天、山和水等自然物联结在一起，视这些自然物是灵魂的居住地而举行各种祭拜和保护仪式（南措加，2018）。对于藏区的冈底斯山、梅里雪山、玛旁雍错、纳木错等著名山湖的神圣性认定是得到全藏区认可的，但从传统习惯来看，在藏区几乎每个地区、每个县域、每个乡都有各自认定的神山和圣湖（边巴拉姆和王恒，2017）。此外，西藏湖泊资源十分丰富，总面积达 32 533.5 km²，其中分布于藏北高原人迹罕至区的湖泊多达 90％以上（闫立娟，2020）（图 1-2）。因此，受地理条件和藏族文化的双重影响，与自治区江河实地调查资料相比，有关湖泊水生态环境与渔业资源的资料相对匮乏，且资料主要集中于湖泊水生态环境方面。在湖泊水生态环境调查方面，大部分研究采用遥感和水文监测数据，在长时间和大空间尺度上对西藏湖泊面积、水位和透明度的变化趋势及其影响因素进行了无接触式的调查分析（刘佳丽等，2018；旺堆杰布等，2018；张璐等，2019；朱立平等，2019；闫立娟，2020；唐汉铎，2021；Yang et al.，2017；Mao et al.，2018；Wang et al.，2019），而实地调查研究主要对西藏湖泊水体的离子、有机碳、总氮和重金属等水化学特征（王鹏等，2013；郭泌汐等，2016；李承鼎等，2016；者萌等，2016；开金磊等，2019；朱立平等，2019）以及浮游生物的群落结构（杨菲，2014；王婕等，2015；崇璘璇，2018；朱立平等，2019）进行了分析。与水生态环境方面的资料相比，关于渔业资源方面的报道局限于纳木错、羊卓雍错、浪错、色林错、哲古错和错鄂等零星湖泊，主要对上述湖泊鱼类资源以及主要土著鱼类的生物学和物候学进行了研究（任慕莲和孙力，1982；任慕莲和武云飞，1982；陈毅峰等，2001；陈毅峰等，2002a、2002b、2002c；杨军山等，2002；杨汉运等，2011；李雷等，2020；刘飞等，2020；谭博真等，2020；Chen et al.，2004；Ding et al.，2015；Tao et al.，2018；Ding et al.，2020）。

巴松错又名错高湖，湖面平均海拔 3 460 m，是雅鲁藏布江二级支流巴河流域的湖泊，位于西藏自治区工布江达县的巴河上游，为硫酸钠型冰川堰塞湖，水域面积 37.5 km²，周围植被丰富，原始森林茂密，呈现出由东南向西北由常绿阔叶林、高山松林、高山栎林、亚高山灌丛到高山草甸的水平分布特征，其森林覆盖率为 80％（钟华邦，2010；张宏鹏和琼达，2018；旦增赤来，2016）。2011 年，西藏首个国家级水产种质资源保护区——巴松错特有鱼类国家级水产种质资源保护区在工布江达县错高乡揭牌，保护区总面积 100 km²，核心区面积 37.5 km²，试验区面积 62.5 km²。特别保护期为每年的 3 月 1 日至 8 月 1 日，核心区为国家 5A 级风景旅游区巴松错，主要保护对象是尖裸鲤、拉萨裂腹鱼、巨须裂腹鱼、双须叶须鱼、异齿裂腹鱼、拉萨裸裂尻鱼、黑斑原鮡等西藏特有物种。尽管因受水产种质资源保护区以及藏族文化的庇护，捕捞对保护区内特有的鱼类资源的影响微乎其微，但近十几年来由于旅游开发、水域污染和水电开发等人为因素的影响，保护区内渔业资源与环境受到了一定程度的扰动。以往关于雅鲁藏布江渔业资源与环境的研究主要局限于干流及其一级支流，而关于巴松错渔业资源与环境方面的资料匮乏，仅见浮游生物群落结构以及重金属和氮在沉积物中分布特征等方面的报道（龚迎春等，2012；安瑞志等，2021；Huo et al.，2014；Guo et al.，2015），因此，亟待对巴松错渔业资源与环境开展系统研究，为保护区资源开发和养护矛盾的协调以及科学管理提供决策基础。

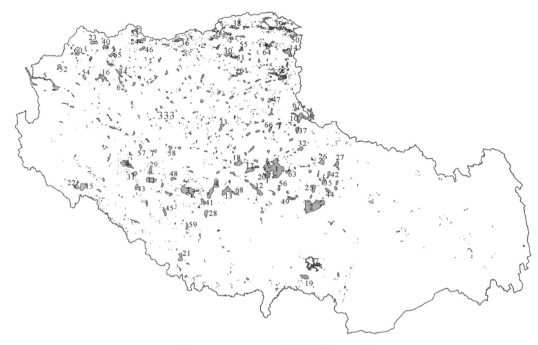

图 1 - 2   2017 年西藏湖泊空间分布图
（引自闫立娟，2020）

1. 色林错　2. 纳木错　3. 扎日南木错　4. 当惹雍错　5. 班公错　6. 米提江占木错　7. 羊卓雍错
8. 昂拉仁错　9. 多格错仁　10. 多尔索洞错　11. 塔若错　12. 格仁错　13. 昂孜错　14. 多格错仁强错
15. 玛旁雍错　16. 鲁玛江东错　17. 吴如错　18. 达则错　19. 普莫雍错　20. 错鄂-时补错
21. 佩枯错　22. 拉昂错　23. 郭扎错　24. 碱水湖　25. 巴不错　26. 兹格塘错　27. 错那　28. 许如错
29. 扎布耶茶卡　30. 马尔盖茶卡　31. 仁青休布错　32. 其香错　33. 依布茶卡　34. 美马错　35. 蓬错
36. 羊湖　37. 雅根错　38. 振泉湖　39. 玉液湖　40. 邦达错　41. 姆错丙尼　42. 懂错　43. 布鲁错
44. 崩错　45. 杰萨错　46. 拜惹布错　47. 令果错　48. 达娃错　49. 仁错贡玛　50. 向阳湖　51. 龙舟湖
52. 泽错　53. 黑石北湖　54. 结则茶卡　55. 朝阳湖　56. 戈昂错　57. 仓木错　58. 洞错　59. 打加错
60. 龙木错　61. 错尼　62. 阿鲁错　63. 班戈错　64. 若拉湖　65. 独立石湖　66. 鄂雅错　67. 美日切错
68. 马而下错　333. 面积大于 10 km² 的湖泊数量

主要参考文献

安瑞志，潘成梅，塔巴拉珍，等，2021. 西藏巴松错浮游植物功能群垂直分布特征及其与环境因子的关系 ［J］. 湖泊科学，33（1）：86-101.

边巴拉姆，王恒，2017. 西藏神山圣湖环境保护的立法思考 ［J］. 西藏民族大学学报，38（1）：139-143.

蔡斌，1997. 西藏鱼类资源及其合理利用 ［J］. 中国渔业经济研究（4）：38-40.

曹文宣，1974. 珠穆朗玛峰地区的鱼类 ［M］//珠穆朗玛峰地区科学考察报告（生物与高山生理）. 北京：科学出版社.

曹文宣，陈宜瑜，武云飞，等，1981. 裂腹鱼类的起源和演化及其与青藏高原隆起的关系 ［M］//中国科学院青藏高原综合科学考察队．青藏高原隆起的时代、幅度和形式问题．北京：科学出版社：118-130.

曹文宣，邓中粦，1962. 四川西部及其邻近地区的裂腹鱼类 [J]. 水生生物学集刊（2）：27-53.

曹文宣，伍献文，1962. 四川西部甘孜阿坝地区鱼类生物学及渔业问题 [J]. 水生生物学集刊（2）：79-112.

陈大庆，熊飞，史建全，等，2011. 青海湖裸鲤研究与保护 [M]. 北京：科学出版社.

陈锋，2009. 雅鲁藏布江外来鲫的生活史对策研究 [D]. 武汉：中国科学院水生生物研究所.

陈锋，陈毅峰，2010. 拉萨河鱼类调查及保护 [J]. 水生生物学报，34（2）：278-285.

陈宜瑜，陈毅峰，刘焕章，1996. 青藏高原动物地理区的地位和东部界线问题 [J]. 水生生物学报，20（2）：97-103.

陈毅峰，1998. 裂腹鱼类系统发育和分布格局的研究 I，系统发育 [J]. 动物分类学报，23（增刊）：17-25.

陈毅峰，曹文宣，2000. 裂腹鱼亚科 [M] // 乐佩琦. 中国动物志 硬骨鱼纲 鲤形目（下卷）. 北京：科学出版社：273-388.

陈毅峰，何德奎，蔡斌，2001. 色林错裸鲤的繁殖对策 [C] // 野生动物生态与管理学术讨论会论文摘要集.

陈毅峰，何德奎，曹文宣，等，2002a. 色林错裸鲤的生长 [J]. 动物学报，48（5）：667-676.

陈毅峰，何德奎，陈宜瑜，2002b. 色林错裸鲤的年龄鉴定 [J]. 动物学报，48（4）：527-533.

陈毅峰，何德奎，段中华，2002c. 色林错裸鲤的年轮特征 [J]. 动物学报，48（3）：384-392.

赤曲，2017. 西藏近45年之气候变化特征浅析 [J]. 西藏科技（1）：54-59.

崇璘璇，2018. 西藏多格错仁浮游植物群落结构的研究 [D]. 上海：上海海洋大学.

次旺罗布，2010. 传说中的圣地渔村——关于曲水县俊巴渔村渔业民俗民间传说的调查 [J]. 西藏大学学报，25（专刊）：142-144.

代应贵，肖海，2011. 裂腹鱼类种质多样性研究综述 [J]. 中国农学通报，27（32）：38-46.

旦增赤来，2016. 西藏地区国家公园之林芝巴松错建设途径研究 [J]. 现代交际（19）：31.

邓君明，张曦，龙晓文，等，2013. 三种裂腹鱼肌肉营养成分分析与评价 [J]. 营养学报，35（4）：391-393.

邓涛，吴飞翔，苏涛，等，2020. 青藏高原——现代生物多样性形成的演化枢纽 [J]. 中国科学：地球科学，50（2）：177-193.

第三次气候变化国家评估报告编写委员会，2015. 第三次气候变化国家评估报告 [M]. 北京：科学出版社.

段友健，2015. 拉萨裸裂尻鱼个体生物学和种群动态研究 [D]. 武汉：华中农业大学.

龚君华，王继隆，李雷，等，2017. 西藏布裙湖全唇裂腹鱼年龄与生长的初步研究 [J]. 淡水渔业，47（6）：26-31.

龚迎春，冯伟松，余育和，等，2012. 西藏尼洋河流域浮游动物群落结构研究 [J]. 水生态学杂志，33（6）：35-43.

关志华，陈传友，1980. 西藏河流水资源 [J]. 自然资源（2）：25-35.

郭泌汐，刘勇勤，张凡，等，2016. 西藏湖泊沉积物重金属元素特征及生态风险评估 [J]. 环境科学，37（2）：490-498.

郭向召，2017. 雅鲁藏布江三种裂腹鱼属鱼类群体遗传学研究［D］. 武汉：华中农业大学.

国家统计局，2019. 国家数据［OL］. https://data.stats.gov.cn/index.htm.

郝汉舟，2005. 拉萨裂腹鱼的年龄和生长研究［D］. 武汉：华中农业大学.

何德奎，陈毅峰，2007. 高度特化等级裂腹鱼类分子系统发育与生物地理学［J］. 科学通报，52（3）：303-312.

何德奎，陈毅峰，蔡斌，2001a. 纳木错裸鲤性腺发育的组织学研究［J］. 水生生物学报，25（1）：1-13.

何德奎，陈毅峰，陈自明，等，2001b. 色林错裸鲤性腺发育的组织学研究［J］. 水产学报，25（2）：97-103.

贺舟挺，2005. 西藏拉萨河异齿裂腹鱼年龄与生长的研究［D］. 武汉：华中农业大学.

户国，都雪，程磊，等，2019. 西藏渔业资源现状、存在问题及保护对策［J］. 水产学杂志，32（3）：58-64.

季强，2008. 六种裂腹鱼类摄食消化器官形态学与食性的研究［D］. 武汉：华中农业大学.

开金磊，王君波，黄磊，等，2019. 西藏纳木错及其入湖河流溶解有机碳和总氮浓度的季节变化［J］. 湖泊科学，31（4）：1099-1108.

李承鼎，康世昌，刘勇勤，等，2016. 西藏湖泊水体中主要离子分布特征及其对区域气候变化的响应［J］. 湖泊科学，28（4）：743-754.

李吉均，文世宣，张青松，等，1979. 青藏高原隆起的时代、幅度和形式的探讨［J］. 中国科学，6：608-616.

李雷，金星，马波，等，2020. 西藏朗错秋季裸鲤属营养生态位及种间食物关系［J］. 应用生态学报，31（12）：4042-4050.

李雷，马波，金星，等，2019. 西藏雅鲁藏布江中游裂腹鱼类优先保护等级定量评价［J］. 中国水产科学，26（5）：914-924.

李雷，吴松，王念民，等，2021. 雅鲁藏布江中游桑日至加查江段渔业资源群落结构特征［J］. 水产学杂志，34（1）：40-45.

李思忠，1981. 中国淡水鱼类的分布区划［M］. 北京：科学出版社.

李秀启，陈毅峰，何德奎，2008. 西藏拉萨河双须叶须鱼的繁殖策略［C］//中国鱼类学会. 中国鱼类学会2008学术研讨会论文摘要汇编.

李钊，2019. 怒江西藏段主要裂腹鱼类生长与繁殖力、时空分布的研究［D］. 上海：上海海洋大学.

刘飞，牟振波，王且鲁，等，2020. 西藏浪错兰格湖裸鲤种群繁殖生物学特征［J］. 动物学杂志，55（1）：58-66.

刘飞，牟振波，张驰，等，2019. 西藏浪错兰格湖裸鲤的年龄与生长［J］. 四川动物，38（4）：425-432.

刘海平，刘孟君，刘艳超，2019a. 西藏巨须裂腹鱼早期发育特征［J］. 水生生物学报，43（2）：367-378.

刘海平，刘孟君，牟振波，等，2019b. 西藏双须叶须鱼早期发育特征［J］. 水生生物学报，43（5）：1041-1055.

刘海平，牟振波，蔡斌，等，2018. 供给侧改革与科技创新耦合助推西藏渔业资源养护［J］. 湖泊科学，30（1）：266-278.

刘佳丽，周天财，于欢，等，2018. 西藏近25a湖泊变迁及其驱动力分析［J］. 长江科学院院报，35（2）：145-150.

刘务林，2000. 强化生态环境管理，走可持续发展道路［C］//西部大开发 科教先行与可持续发展——中国科协 2000 年学术年会文集．

刘艳超，刘海平，刘书蕴，等，2018. 温度对尖裸鲤胚胎发育及其仔稚鱼生长性状的影响［J］. 动物学杂志，53（6）：910-923.

刘艳超，刘书蕴，刘海平，等，2019. 西藏双须叶须鱼八种年龄鉴定材料的比较研究［J］. 水生生物学报，43（3）：579-588.

柳景元，2005. 拉萨裸裂尻鱼的年龄与生长［D］. 武汉：华中农业大学．

洛桑，旦增，布多，2011. 拉萨河鱼类资源现状与利用对策［J］. 西藏大学学报，26（2）：7-10.

洛桑，张强英，旦增达瓦，等，2014. 拉萨河尖裸鲤（*Oxygymnocypris stewartii*）肌肉营养组成与分析评价［J］. 西藏大学学报，29（1）：8-12.

马宝珊，谢从新，霍斌，等，2011. 裂腹鱼类生物学研究进展［J］. 江西水产科技（4）：36-40.

马海鑫，2019. 基于 SLAF-seq 技术的弧唇裂腹鱼 SNP 位点开发及群体遗传学分析［D］. 武汉：华中农业大学．

马凯，佟广香，张永泉，等，2021. 尖裸鲤染色体核型分析及进化地位研究［J］. 西北农林科技大学学报，49（12）：1-7.

马利民，刘禹，赵建夫，2003. 交叉定年技术及其在高分辨率年代学中的应用［J］. 地质前缘，10（2）：51-355.

南措加，2018. 藏族神灵崇拜观念在生态保护机制中的功能研究——以热贡地区为例［D］. 西宁：青海民族大学．

秦大河，翟盘茂，2021. 中国气候变化与生态环境演变：2021（第一卷 科学基础）［M］. 北京：科学出版社．

青海省生物研究所，1975. 青海湖地区的鱼类区系和青海湖裸鲤的生物学［M］. 北京：科学出版社．

任慕莲，孙力，1982. 西藏纳木错的鱼类资源调查和开发利用问题［J］. 淡水渔业（5）：1-10.

任慕莲，武云飞，1982. 西藏纳木错的鱼类［J］. 动物学报，28（1）：80-86.

沈大军，陈传友，1996. 青藏高原水资源及其开发利用［J］. 自然资源学报，11（1）：8-14.

沈红保，郭丽，2008. 西藏尼洋河鱼类组成调查与分析［J］. 河北渔业（5）：51-54.

沈建忠，曹文宣，崔奕波，2001. 用鳞片和耳石鉴定鲫年龄的比较研究［J］. 水生生物学报，25：462-466.

施琼芳，1991. 鱼类生理学［M］. 北京：农业出版社．

谭博真，杨学芬，杨瑞斌，2020. 西藏哲古错高原裸鲤年龄结构与生长特性［J］. 中国水产科学，27（8）：879-885.

唐汉铎，次旦央宗，曾辰，等，2021.1974—2019 年西藏羊卓雍错湖泊水位变化特征及其影响因素［J］. 干旱区资源与环境，35（4）：83-89.

万法江，2004. 狮泉河水生生物资源和高原裸裂尻鱼的生物学研究［D］. 武汉：华中农业大学．

汪松，解焱，2009. 中国物种红色名录（第二卷）脊椎动物（上册）［M］. 北京：高等教育出版社．

王崇，梁银铨，张宇，等，2017. 短须裂腹鱼营养成分分析与品质评价［J］. 水生态学杂志，38（4）：96-100.

王捷，李博，冯佳，等，2015. 西藏西南部湖泊浮游藻类区系及群落结构特征［J］. 水生生物学报，39（4）：837-844.

王金林，牟振波，王且鲁，等，2018. 西藏裂腹鱼亚科鱼类研究进展 [J]. 安徽农业科学，46（24）：16-19.

王金林，王万良，王且鲁，等，2019. 野生与驯养异齿裂腹鱼肌肉营养成分比较分析 [J]. 中国农业大学学报，24（9）：105-113.

王鹏，尚英男，沈立成，等，2013. 青藏高原淡水湖泊水化学组成特征及其演化 [J]. 环境科学，34（3）：874-881.

王起，刘明典，朱峰跃，等，2019. 怒江上游三种裂腹鱼类摄食及消化器官比较研究 [J]. 动物学杂志，54（2）：207-221.

王强，王旭歌，朱龙，等，2017. 尼洋河双须叶须鱼年龄与生长特性研究 [J]. 湖北农业科学，56（6）：1099-1102.

王晓军，程绍敏，2009. 西藏主要气候特征分析 [J]. 高原山地气象研究，29（4）：81-84.

王绪祯，甘小妮，李俊兵，等，2016. 鲤亚科多倍体物种独立起源及其与第三纪青藏高原隆升的关系 [J]. 中国科学：生命科学，46（11）：1277-1295.

王岳峰，肖抒，曾涛，2005. 西藏湖泊 TM 影像遥感分析 [J]. 西藏科技（5）：23-26.

旺堆杰布，旦增尼玛，白马多吉，等，2018. 近 40 年西藏高原北部 4 个内陆湖泊面积变化及气候要素分析 [J]. 高原科学研究，2：65-73.

魏杰，王帅，聂竹兰，等，2013. 塔里木裂腹鱼肌肉营养成分分析与品质评价 [J]. 营养学报，35（2）：203-205.

魏振邦，史建全，孙新，等，2008.6 个地区青海湖裸鲤肌肉营养成分分析 [J]. 动物学杂志，43（1）：96-101.

伍献文，何名巨，褚新洛，1981. 西藏地区的鲤科鱼类 [J]. 海洋与湖沼，12（1）：74-79.

武云飞，1984. 中国裂腹鱼亚科鱼类的系统分类研究 [J]. 高原生物学集刊，3：119-140.

武云飞，1985. 南迦巴瓦峰地区鱼类区系的初步分析 [J]. 高原生物学集刊，4：61-70.

武云飞，陈宜瑜，1980. 西藏北部新第三纪的鲤科鱼类化石 [J]. 古脊椎动物与古人类，18（1）：15-20.

武云飞，谭齐佳，1991. 青藏高原鱼类区系特征及其形成的地史原因分析 [J]. 动物学报，37（2）：135-152.

武云飞，吴翠珍，1992. 青藏高原鱼类 [M]. 成都：四川科学技术出版社.

武云飞，朱松泉，1979. 西藏阿里鱼类分类、区系研究及资源概况 [C] //西藏阿里地区动植物考察报告. 北京：科学出版社.

西藏自治区水产局，1995. 西藏鱼类及其资源 [M]. 北京：中国农业出版社.

谢从新，2010. 鱼类学 [M]. 北京：中国农业出版社.

谢从新，霍斌，魏开建，等，2019. 雅鲁藏布江中游裂腹鱼类生物学与资源养护 [M]. 北京：科学出版社.

徐滨，王宁，魏开金，等，2021. 拉萨裂腹鱼仔、稚鱼的异速生长模式 [J]. 上海海洋大学学报，30（3）：454-463.

徐滨，朱祥云，魏开金，等，2020. 拉萨裂腹鱼的胚胎及仔稚鱼发育特征 [J]. 大连海洋大学学报，35（5）：663-670.

徐华鑫，1986. 西藏自治区地理 [M]. 拉萨：西藏人民出版社.

闫立娟，2020. 气候变化对西藏湖泊变迁的影响（1973—2017）[J]. 地球学报，41（4）：493-503.

闫学春，史建全，孙效文，等，2007. 青海湖裸鲤的核型研究［J］. 东北农业大学学报，38（5）：645-648.

杨菲，2014. 西藏盐湖浮游植物及原生动物群落结构特征的研究［D］. 上海：上海海洋大学.

杨汉运，黄道明，池仕运，等，2011. 羊卓雍错高原裸鲤（*Gymnocypris waddellii* Regan）繁殖生物学研究［J］. 湖泊科学，23（2）：277-280.

杨汉运，黄道明，谢山，等，2010. 雅鲁藏布江中游渔业资源现状研究［J］. 水生态学杂志，3（6）：120-126.

杨军山，陈毅峰，何德奎，等，2002. 错鄂裸鲤年轮与生长特性的探讨［J］. 水生生物学报，26（4）：378-387.

杨威，廖华杰，胡程棚，等，2021. 拉萨裸裂尻鱼胚胎发育观察［J］. 湖北农业科学，60（2）：116-118，129.

殷名称，1995. 鱼类生态学［M］. 北京：中国农业出版社.

俞丹，张智，张健，等，2019. 基于 *Cyt b* 基因的雅鲁藏布江下游墨脱江段及察隅河墨脱裂腹鱼的遗传多样性及种群历史动态分析［J］. 水生生物学报，43（5）：923-930.

俞梦超，2017. 通过裂腹鱼类的转录组比较分析揭示青藏高原鱼类的适应性进化［D］. 上海：上海海洋大学.

喻树龙，袁玉江，魏文寿，等，2012. 用于气候分析的树轮宽度资料获取技术方法与质量控制［J］. 沙漠与绿洲气象，6（1）：49-55.

岳佐和，黄宏金，1964. 西藏南部鱼类资源［M］. 北京：科学出版社.

昝瑞光，刘万国，宋峥，1985. 裂腹鱼亚科中的四倍体-六倍体相互关系［J］. 遗传学报，12（2）：137-142.

昝瑞光，宋峥，刘万国，1984. 七种鲃亚科鱼类的染色体组型研究，兼论鱼类多倍体的判定问题［J］. 动物学研究，5（S1）：82-90.

曾本和，刘海平，王建，等，2020. 雅鲁藏布江日喀则段野生拉萨裂腹鱼繁殖季节研究［J］. 西藏农业科技（3）：76-78.

扎西次仁，其美多吉，1993. 浅析西藏鱼类资源及渔业经济［J］. 西藏大学学报（汉文版）（3）：83-86.

扎西拉姆，吕红健，张弛，等，2017. 西藏鱼类放生存在的问题及解决对策［J］. 中国水产（9）：32-35.

张弛，李宝海，周建设，等，2014. 西藏渔业资源保护现状、问题及对策［J］. 水产学杂志，27（2）：68-72.

张春光，贺大为，1997. 西藏的渔业资源［J］. 生物学通报，32（6）：9-10.

张春光，邢林，1996. 西藏地区的鱼类及渔业区划［J］. 自然资源学报，11（2）：157-163.

张春霖，王文滨，1962. 西藏鱼类初篇［J］. 动物学报，14（4）：529-536.

张春霖，岳佐和，黄宏金，1964a. 西藏南部的裸鲤属（*Gymnocypris*）鱼类［J］. 动物学报，16（1）：139-150.

张春霖，岳佐和，黄宏金，1964b. 西藏南部鱼类［J］. 动物学报，16（2）：272-282.

张春霖，岳佐和，黄宏金，1964c. 西藏南部的裸裂尻鱼属（*Schizopygopsis*）鱼类［J］. 动物学报，16（4）：661-673.

张宏鹏，琼达，2018. 巴松错旅游景区建设存在的问题及对策［J］. 四川林勘设计，132（3）：67-71.

张良松，2011. 异齿裂腹鱼胚胎发育与仔鱼早期发育的研究［J］. 大连海洋大学学报，26（3）：238-242.

张璐，李炳章，郭克疾，等，2019. 西藏唐北地区湖泊动态及空间格局预测 [J]. 应用生态学报，30（8）：2793-2802.

张弥曼，苗德岁，2016. 青藏高原的新生代鱼化石及其古环境意义 [J]. 科学通报，61（9）：981-995.

者萌，张雪芹，孙瑞，等，2016. 西藏羊卓雍错流域水体水质评价及主要污染因子 [J]. 湖泊科学，28（2）：287-294.

中国科学院青藏高原综合科学考察队，1983. 西藏地貌 [M]. 北京：科学出版社.

中国社会科学院考古研究所，西藏自治区文物局，1999. 拉萨曲贡 [M]. 北京：中国大百科全书出版社.

钟华邦，2010. 地质素描——西藏巴松错堰塞湖 [J]. 地质学刊（1）：109.

周建设，王万良，朱挺斌，等，2018. 黑斑原鮡肌肉营养成分与品质评价 [J]. 水产科学，37（6）：775-780.

周礼敬，刘桂兰，杨林，等，2017. 四川裂腹鱼人工养殖技术研究 [J]. 畜牧与饲料科学，38（8）：48-51.

周礼敬，詹会祥，2013. 昆明裂腹鱼人工养殖技术 [J]. 家畜生态学报，34（6）：81-84.

周兴华，郑曙明，吴青，等，2005. 齐口裂腹鱼肌肉营养成分的分析 [J]. 大连水产学院学报，20（1）：20-24.

朱立平，张国庆，杨瑞敏，等，2019. 青藏高原最近40年湖泊变化的主要表现与发展趋势 [J]. 中国科学院院刊，34（11）：1254-1263.

朱挺兵，胡飞飞，龚进玲，等，2021. 澜沧江西藏段鱼类优先保护等级评价 [J]. 淡水渔业，51（2）：40-46.

朱秀芳，陈毅峰，2009. 巨须裂腹鱼年龄与生长的初步研究 [J]. 动物学杂志，44（3）：76-82.

Black B A, Boehlert G W, Yoklavich M M, 2008. Establishing climate-growth relationships for yelloweye rockfish (*Sebastes ruberrimus*) in the northeast Pacific using a dendrochronological approach [J]. Fisheries Oceanography, 17（5）：368-379.

Blanchard J L, Jennings S, Holmes R, et al., 2012. Potential consequences of climate change for primary production and fish production in large marine ecosystems [J]. Philosophical Transactions of the Royal Society B：Biological Sciences, 367（1605）：2979-2989.

Bisht J S, Joshi M L, 1975. Seasonal histological changes in the ovaries of a mountain stream teleost, *Schizothorax richardsonii* (Gray and Hard) [J]. Cells Tissues Organs, 93（4）：512-525.

Burnham K P, Anderson D R, 2002. Model Selection and Multimodel Inference：a Practical Information-Theoretic Approach [M]. 2nd ed. New York：Springer.

Chan J, Li W, Hu X, et al., 2016. Genetic diversity and population structure analysis of Qinghai-Tibetan plateau schizothoracine fish (*Gymnocypris dobula*) based on mtDNA D-loop sequences [J]. Biochemical Systematics and Ecology, 69：152-160.

Chang M M, Miao D S, Wang N, 2010. Ascent with modification：fossil fishes witnessed their own group's adaptation to the uplift of the Tibetan Plateau during the late Cenozoic [C] //Long M Y, Gu H Y, Zhou Z H. Darwin's Heritage Today：Proceedings of the Darwin 200 Beijing International Conference. Beijing：Higher Education Press.

Chang M M, Wang X M, Liu H Z, et al., 2008. Extraordinarily thick-boned fish linked to the aridification of the Qaidam Basin（northern Tibetan Plateau）[J]. Proceedings of the National Academy of Sciences，105（36）：13246-13251.

Chen Y F，He D K，Cai B，et al.，2004. The reproductive strategies of an endemic Tibetan fish，*Gymnocypris selincuoensis* [J]. Journal of Freshwater Ecology，19（2）：255-262.

Chen F，Chen Y F，He D K，2009. Age and growth of *Schizopygopsis younghusbandi younghusbandi* in the Yarlung Zangbo River in Tibet，China [J]. Environmental Biology of Fishes，86：155-162.

Chen W，Du K，He S，2015. Genetic structure and historical demography of *Schizothorax nukiangensis* (Cyprinidae) in continuous habitat [J]. Ecology and Evolution，5（4）：984-995.

Chen Y F，He D K，Chen Y Y，2001. Electrophoretic analysis of isozymes and discussion about species differentiation in three species of Genus *Gymnocypris* [J]. Zoological Research，22（1）：9-19.

Chen Z M，Chen Y F，2001. Phylogeny of the specialized Schizothoracine fishes（Teleostei：Cypriniformes：Cyprinidae）[J]. Zoological Studies，40（2）：147-157.

Chu Y T，1935. Comparative studies on the scales and on the pharyngeal and their teeth in Chinese Cyprinids，with particular reference to taxonomy and evolution [J]. Biological Bulletin of St John's University，2：1-255.

Cook E R，Kairiukstis L A，1990. Methods of Dendrochronology：Applications in the Environmental Sciences [M]. Berlin：Springer Netherlands.

Das S M，Subla B A，1963. The ichthyofauna of Kashmir：part I . history，topography，origin，ecology and general distribution [J]. Ichthyologica，2：87-106.

Day F，1958. The fishes of India [M]. Vol. 1 and 2. London：Willian Dawson.

Deng S Q，Cao L，Zhang E，2018. *Garra dengba*，a new species of cyprinid fish（Pisces：Teleostei）from eastern Tibet，China [J]. Zootaxa，4476（1）：94-108.

Deng T，Li Q，Tseng Z J，et al.，2012a. Locomotive implication of a Pliocene three-toed horse skeleton from Tibet and its paleo-altimetry significance [J]. Proceedings of the National Academy of Sciences，109（19）：7374-7378.

Deng T，Wang S Q，Xie G P，et al.，2012b. A mammalian fossil from the Dingqing Formation in the Lunpola Basin，northern Tibet，and its relevance to age and paleo-altimetry [J]. Chinese Science Bulletin，57（2）：261-269.

Ding C Z，Chen Y F，He D K，et al.，2015. Validation of daily increment formation in otoliths for *Gymnocypris selincuoensis* in the Tibetan Plateau，China [J]. Ecology and Evolution，5（16）：3243-3249.

Ding C，He D，Chen Y，et al.，2020. Otolith microstructure analysis based on wild young fish and its application in confirming the first annual increment in Tibetan *Gymnocypris selincuoensis* [J]. Fisheries Research，221：e105386.

Ficke A D，Myrick C A，Hansen L J，2007. Potential impacts of global climate change on freshwater fisheries [J]. Reviews in Fish Biology and Fisheries，17（4）：581-613.

Goswami U C，Basistha S K，Bora D，et al.，2012. Fish diversity of North East India，inclusive of the Himalayan and Indo Burma biodiversity hotspots zones：a checklist on their taxonomic status，economic importance，geographical distribution，present status and prevailing threats [J].

International Journal of Biodiversity and Conservation，4（15）：592-613.

Guo W，Huo S，Xi B，et al.，2015. Heavy metal contamination in sediments from typical lakes in the five geographic regions of China：distribution，bioavailability，and risk［J］. Ecological Engineering，81：243-255.

Gurung D B，Dorji S，Tsheringi U，et al.，2013. An annotated checklist of fishes from Bhutan［J］. Journal of Threatened Taxa，5（14）：4880-4886.

Günther A，1868. Catalogue of the Fishes in the British Museum［M］. London：Wheldon & Wesley.

He D K，Chen Y F，Chen Y Y，et al.，2004. Molecular phylogeny of the specialized schizothoracine fishes（Teleostei：Cyprinidae），with their implications for the uplift of the Qinghai-Tibetan Plateau［J］. Chinese Science Bulletin，49（1）：39-48.

Heath M R，Speirs D C，Steele J H，2014. Understanding patterns and processes in models of trophic cascades［J］. Ecology Letters，17（1）：101-114.

Heckel J J，1838. Fische aus Caschmir gesammelt und herausgegeben von Carl Freiherrn von Hügel，beschrieben von J. J. Heckel Wien［J］：1-112.

Heithaus M R，Frid A，Wirsing A J，et al.，2008. Predicting ecological consequences of marine top predator declines［J］. Trends in Ecology and Evolution，23（4）：202-210.

Herzenstein S M，1898. Fische［M］//Wissenschaftliche Resultate der von NM Przewalski nach Central-Asien unternommenen Reisen Zoologischer Theil. Band Ⅲ，Abth 2，1-Ⅵ-91，1-8.

Higins R M，Diogo H，Isidro E J，2015. Modelling growth in fish with complex life histories［J］. Reviews in Fish Biology and Fisheries，25（3）：449-462.

Hora S L，1937. On a small collection of fish from the upper Chindwin Drainage［J］. Records of the Indian Museum，39（4）：331-338.

Horn P，2002. Age and growth of Patagonian toothfish（*Dissostichus eleginoides*）and Antarctic toothfish（*D. mawsoni*）in waters from the New Zealand subantarctic to the Ross Sea，Antarctica［J］. Fisheries Research，56（3）：275-287.

Huo S，Zhang J，Xi B，et al.，2014. Distribution of nitrogen forms in surface sediments of lakes from different regions，China［J］. Environmental Earth Sciences，71（5）：2167-2175.

Intergovernmental Panel on Climate Change（IPCC），2014. Climate Change 2014：Impacts，Adaptation，and Vulnerability［M］. Cambridge：Cambridge University Press.

IUCN，2021. The IUCN red list of threatened species［OL］. Version 2021. 1. http：// www. iucnredlist. org/.

Jia Y T，Chen Y F，2009. Otolith microstructure of *Oxygymnocypris stewartii*（Cypriniformes，Cyprinidae，Schizothoracinae）in the Lhasa River in Tibet，China［J］. Environmental Biology of Fishes，86：45-52.

Jia Y T，Chen Y F，2011. Age structure and growth characteristics of the endemic fish *Oxygymnocypris stewartii*（Cypriniformes：Cyprinidae：Schizothoracinae）in the Yarlung Tsangpo River，Tibet［J］. Zoological Studies，50（1）：69-75.

Kuang X，Jiao J J，2016. Review on climate change on the Tibetan Plateau during the last half century［J］. Journal of Geophysical Research：Atmospheres，121（8）：3979-4007.

Kullander O S，Fang F，Bo D，et al.，1999. The fishes of the Kashmir Valley [C] //Lennart N. River Jhelum，Kashmir Valley：Impacts on the Aquatic Environment. Swedmar：the International Consultancy Group of the National Board of Fisheries.

Li X Q，Chen Y F，2009. Age structure，growth and mortality estimates of an endemic *Ptychobarbus dipogon* （Regan，1905b）（Cyprinidae：Schizothoracinae）in the Lhasa River，Tibet [J]. Environmental Biology of Fishes，86：97-105.

Li X Q，Chen Y F，He D K，et al.，2009. Otolith characteristics and age determination of an endemic *Ptychobarbus dipogon* （Regan，1905a）（Cyprinidae：Schizothoracinae）in the Yarlung Tsangpo River，Tibet [J]. Environmental Biology of Fishes，86：53-61.

Liu F，Li M，Wang J，et al.，2021. Species composition and longitudinal patterns of fish assemblages in the middle and lower Yarlung Zangbo River，Tibetan Plateau，China [J]. Ecological Indicators，125：107542.

Lloyd R E，1908. Report on the fish collected in Tibet by Capt. F H Stewart I M S [J]. Records of the Indian Museum，2：341-344.

Lynch A J，Myers B J E，Chu C，et al.，2016. Climate change effects on North American inland fish populations and assemblages [J]. Fisheries，41（7）：346-361.

Ma B S，Xie C X，Huo B，et al.，2011. Age validation and comparison of otolith，vertebrae and opercular bone for estimating age of *Schizothorax o' connori* in the Yarlung Tsangpo River，Tibet [J]. Environmental Biology of Fishes，90：159-169.

Mao D，Wang Z，Yang H，et al.，2018. Impacts of climate change on Tibetan lakes：patterns and processes [J]. Remote Sensing，10（3）：e358.

Mercier L，Panfili J，Paillon C，et al.，2011. Otolith reading and multi-model inference for improved estimation of age and growth in the gilthead seabream *Sparus aurata* （L.）[J]. Estuarine，Coastal and Shelf Science，92（4）：534-545.

Petr T，2003. Mountain Fisheries in Developing Countries [M]. Rome：Food and Agriculture Organization of the United Nations.

Petr T，Swar S B，2002. Cold Water Fisheries in the Trans-Himalayan Countries [M]. Rome：Food and Agriculture Organization of the United Nations.

Polat N，Bostanci D，Yilmaz S，2001. Comparable age determination in different bony structures of *Pleuronectes flesus luscus* Pallas，1811 inhabiting the Black Sea [J]. Turkish Journal of Zoology，25（4）：441-446.

Qiu H，Chen Y F，2009. Age and growth of *Schizothorax waltoni* in the Yarlung Tsangpo River in Tibet，China [J]. Ichthyological Research，56（3）：260-265.

Rafique M，Khan N U H，2012. Distribution and status of significant freshwater fishes of Pakistan [J]. Records Zoological Survey of Pakistan，21：90-95.

Regan C T，1905a. XIV. Descriptions of five new cyprinid fishes from Lhasa，Tibet，collected by Captain HJ Walton，IMS [J]. Journal of Natural History，15（86）：185-188.

Regan C T，1905b. XXXIV. Descriptions of two new cyprinid fishes from Tibet [J]. Journal of Natural History，15（87）：300-301.

Rochet M J, Trenkel V M, 2003. Which community indicators can measure the impact of fishing? A review and proposals [J]. Canadian Journal of Fisheries and Aquatic Sciences, 60 (1): 86-99.

Rountrey A N, Coulson P G, Meeuwig J J, et al., 2014. Water temperature and fish growth: otoliths predict growth patterns of a marine fish in a changing climate [J]. Global Change Biology, 20 (8): 2450-2458.

Sarkar U K, Pathak A K, Sinha R K, et al., 2012. Freshwater fish biodiversity in the River Ganga (India): changing pattern, threats and conservation perspectives [J]. Reviews in Fish Biology and Fisheries, 22 (1): 251-272.

Shrestha O H, Edds D R, 2012. Fishes of Nepal: mapping distributions based on voucher specimens [J]. Emporia State Research Studies, 48 (2): 14-74.

Stewart F H, 1911. Notes on Cyprinidae from Tibet and the Chumbi Valley, with a description of a new species of *Gymnocypris* [J]. Records of the Zoological Survey of India, 6 (2): 73-92.

Tao J, Chen Y F, He D K, et al., 2015. Relationships between climate and growth of *Gymnocypris selincuoensis* in the Tibetan Plateau [J]. Ecology and Evolution, 5 (8): 1693-1701.

Tao J, He D, Kennard M J, et al., 2018. Strong evidence for changing fish reproductive phenology under climate warming on the Tibetan Plateau [J]. Global Change Biology, 24 (5): 2093-2104.

Tao J, Kennard M J, Jia Y T, et al., 2018. Climate-driven synchrony in growth-increment chronologies of fish from the world's largest high-elevation river [J]. Science of the Total Environment, 645: 339-346.

Wang N, Chang M, 2010. Pliocene cyprinids (Cypriniformes, Teleostei) from Kunlun Pass Basin, northeastern Tibetan Plateau and their bearings on development of water system and uplift of the area [J]. Science China Earth Sciences, 53 (4): 485-500.

Wang N, Wu F, 2015. New Oligocene cyprinid in the central Tibetan Plateau documents the pre-uplift tropical lowlands [J]. Ichthyological Research, 62 (3): 274-285.

Wang Y, Zheng M, Yan L, et al., 2019. Influence of the regional climate variations on lake changes of Zabuye, Dangqiong Co and Bankog Co salt lakes in Tibet [J]. Journal of Geographical Sciences, 29 (11): 1895-1907.

Wu C Z, Wu Y F, Lei Y L, et al., 1996. Studies on the karyotypes of four species of fishes from the Mount Qomolangma Region in China [C] //Li D S. Proceeding of the international symposium on Aquaculture. Qingdao: Qingdao Ocean University Press.

Yang L, Sado T, Vincent Hirt M, et al., 2015. Phylogeny and polyploidy: resolving the classification of cyprinine fishes (Teleostei: Cypriniformes) [J]. Molecular Phylogenetics and Evolution, 85: 97-116.

Yang R M, Zhu L P, Wang J B, et al., 2017. Spatiotemporal variations in volume of closed lakes on the Tibetan Plateau and their climatic responses from 1976 to 2013 [J]. Climatic Change, 140 (3-4): 621-633.

Yao J L, Chen Y F, Chen F, et al., 2009. Age and growth of an endemic Tibetan fish, *Schizothorax o'connori*, in the Yarlung Tsangpo River [J]. Journal of Freshwater Ecology, 24 (2): 343-345.

You Q, Cai Z, Pepin N, et al., 2021. Warming amplification over the Arctic Pole and Third Pole: trends, mechanisms and consequences [J]. Earth-Science Reviews, 217: 103625.

Zhu T B，Li X M，Wu X B，et al.，2019. Growth and thermal tolerance of a Tibet fish *Schizopygopsis younghusbandi juveniles acclimated to three temperature levels* [J]. Journal of Applied Ichthyology，35（6）：1281-1285.

第二章

材料与方法

调查研究中遵循的一些基本程序、方法和要求，是顺利完成科学研究的重要前提。在渔业资源与渔业环境的研究中，采用的方法以及对一些术语的定义不尽相同，不同的研究方法可能导致研究结果的差异，明确研究方法和术语有助于对研究结果进行分析比较（谢从新等，2019）。本研究依据《内陆水域渔业自然资源调查手册》（张觉民和何志辉，1991）、《河流水生生物调查指南》（陈大庆，2014）、《渔业生态环境监测规范 第3部分：淡水》（SC/T 9102.3—2007）、《全国淡水生物物种资源调查技术规定（试行）》（环境保护部，2010）、《生物多样性观测技术导则 内陆水域鱼类》（HJ 710.7—2014）、《湖泊调查技术规程》（中国科学院南京地理与湖泊研究所，2015）和《水库渔业资源调查规范》（SL 167—2014）等方法标准，拟采取传统的渔业资源和水生生物调查方法，并结合稳定同位素等技术对巴松错的渔业资源与环境开展调查。

第一节 样本采集

一、采集时间和地点

2017—2020年春季和秋季对巴松错及其主要入湖河流开展2个频次渔业资源与渔业环境的调查。调查期间聘请专业渔民，利用三层刺网和地笼等渔具，对巴松错5个站位的水体理化环境、鱼类资源、饵料生物和重要栖息地等进行了调查（表2-1，彩图1）。

表2-1 巴松错采样站位GPS信息

湖泊站位	空间位置	水体类型
1	30°2′20.99″N，94°1′5.04″E	入湖口
2	30°1′36.90″N，93°59′24.00″E	深水区
3	30°0′43.14″N，93°57′36.76″E	入湖口
4	30°1′20.83″N，93°55′21.64″E	深水区
5	30°0′20.92″N，93°53′59.43″E	出湖口

二、采集方法

（一）水体理化指标采集和测量

使用便携式哈希水质分析仪HQ40d（美国哈希公司）测量巴松错水体pH、溶解氧（dissolved oxygen，DO）、水温（water temperature，T）等理化指标，采用传统的挂锤式测量水深（water depth，WD），用透明度盘测量水体透明度（secchi depth，SD）。将采集的水样放入容量为1L的水样瓶中并在−20℃低温保存，送回实验室分析三态氮（NH_4^+-N、NO_3^--N、NO_2^--N）、可溶性磷酸盐（dissolved phosphate，P）、总氮（total nitrogen，TN）和总磷（total phosphorus，TP）。用 Whatman 的 GF/F 滤膜过滤一定体积的水样后，收集叶绿素 a 样品，－20℃低温保存送回实验室分析。使用 UV2350［尤尼柯（上海）仪器有限公司］紫外可见分光光度计测定三态氮（GB 7493—1987、HJ/T 346—2007、HJ 535—2009）及可溶性磷酸盐（HJ 670—2013），总氮采用碱性过硫酸钾消解紫外分光光度法（HJ 636—2012）测定，总磷采用钼酸铵分光光度法（HJ 671—2013）测定，叶绿素 a 的检测采用《水和废水监测分析方法》（第四版）中的测定方法。

（二）鱼类资源调查

调查期间聘请专业渔民，利用三层刺网和地笼等网具，辅以电捕手段对巴松错 5 个站位的鱼类资源量进行了调查。参照《中国动物志 硬骨鱼纲 鲤形目（下卷）》（陈毅峰和曹文宣，2000）、《中国动物志 硬骨鱼纲 鲇形目》（褚新洛等，1999）、《中国条鳅志》（朱松泉，1989）和《西藏鱼类及其资源》（西藏自治区水产局，1995）对采集的渔获物进行种类鉴定，同时对渔获物的数量和重量进行统计和称量并记录。

（三）水生生物样本采集

1. 浮游生物的采集

（1）定性样品 浮游植物和小型浮游动物（原生动物和轮虫）用 25# 浮游生物网采集，并用鲁哥氏液固定保存；浮游甲壳动物（枝角类、桡足类）用 13# 浮游生物网采集，并用 4%甲醛溶液固定保存。

（2）定量样品 浮游植物和小型浮游动物：用容量为 1 L 的有机玻璃采水器取水样，用鲁哥氏液固定，沉淀 48 h，浓缩为 50 mL，保存待检；浮游甲壳动物：用 5 L 采水器取水样 50 L，用 25# 浮游生物网过滤后，再用 4%甲醛溶液固定待检。

2. 着生藻类的采集

（1）定性样品 主要是刮取或剥离水中浸没物，如石块、木桩、树枝、水草或硬质底泥等表层藻膜、丝状藻和黏稠状生长物，用鲁哥氏液固定后保存待检。

（2）定量样品 采用玻璃板为人工基质。将玻璃板放置在水面下 10～15 cm，放置时间9～14 d。用刀片和刷子将玻璃板上的周丛生物转入敞口容器中，蒸馏水冲洗后用鲁哥氏液固定，带回室内沉淀 48 h 后，浓缩为 50 mL，保存待检（国家环保局，1993）。

3. 底栖动物的采集

（1）定性样品 采集时尽量考虑不同的底质条件。石砾底质时，翻动石块，用 60 目的筛绢网捞取水中样品，并捕捉较大型的底栖动物；泥沙底质时，挖取泥沙样，用 60 目的分样筛筛洗后，装入塑料袋中，室内分检后用 4%甲醛溶液固定保存待检。

（2）定量样品 由于采样点底质为卵石和砾石，故采用人工基质采样器采集。采样时各采样点底部放置两个采样器，放置时间一般为 14 d（刘保元，1983），然后从采样器中捡出卵石及筛绢上的全部底栖动物，用 4%甲醛溶液固定保存待检。

（四）鱼类生物学样本采集

鱼类生物学样本主要取自刺网和地笼，采集的鱼类样本及时按下面步骤处理。

（1）常规生物学测量　测量体长（standard length，SL）、体重（body weight，BW）、肠长（intestinal length，IL）、内脏重（visceral weight，W_V）、性腺重（gonad weight，W_G）。长度精确到 1 mm，重量精确到 0.1 g。

（2）性腺材料　解剖后观测和记录性腺发育状况。根据性腺的体积、色泽、性细胞发育程度，将鱼类性腺发育分为 I～VI 期（谢从新，2010）。用于计数繁殖力的性腺样本用中性福尔马林液保存。

（3）食性材料　解剖后取前肠内含物用 8%～10% 中性福尔马林液保存，用于食物成分分析。

（4）年龄材料　取一对微耳石，用清水清洗，自然晾干后放入 0.5mL 离心管中保存，带回室内进行打磨处理。

（五）稳定同位素样本采集

收集藻类（着生藻类和浮游植物）、湿生植物、陆生植物叶片、湖泊水体颗粒有机物（particulate organic matter，POM，主要是浮游植物、颗粒碎屑等）、底栖动物和鱼类样品进行稳定同位素分析。将事先制作好的样方框随机放在采样点湖边的某个位置，将样方里的所有表层的石块小心拣到白色塑料盆中，然后用牙刷小心地将石块上的固着藻类刷到白色塑料盆中，用洗瓶小心冲洗石块至干净，再将塑料盆中的收集物通过漏斗转移到做好标签的水样瓶中（Li et al.，2015）。用 450℃ 预烧的玻璃纤维滤膜（GF/F whatman）将 1 L 表层湖水过滤以收集 POM。徒手采集大型陆生植物叶片和小型陆生植物全株，岸边的新鲜、半腐烂和完全腐烂的植物叶片，洗净风干后利用自封袋保存带回。用彼得森采泥器采集底栖动物样品，置于清水中静养 24 h 后冷冻保存，为了获得足量的样品用于稳定同位素分析，将样品混合成一个合样。鱼类样品通过 3 层定置刺网捕获，每一尾鱼均测量体长与体重，采集背鳍和侧线之间的白色肌肉，除去所有皮肤和鳞屑，洗净后用自封袋包好（Post，2007）。

第二节　研究方法

一、渔业水环境评价

（一）水质状态评价

巴松错水质状态评价以《渔业水质标准》（GB 11607—1989）中规定的标准值为依

据；《渔业水质标准》中未规定的指标，则参照《地表水环境质量标准》（GB 3838—2002）中Ⅲ类水规定的标准值。采用 pH、溶解氧、总氮（TN）、总磷（TP）和氨氮（NH_4^+-N）等 5 个水质指标进行评价。

1. 单因子污染指数法

依据《地表水环境质量评价办法（试行）》中的规定，采用单因子污染指数对各个水质监测指标进行量化评价。单因子污染指数法是将各评价指标的实测浓度值与标准值进行对比来判断水质的优劣程度，根据评价时段内参评的指标中类别最高的一类来确定。参照《环境影响评价技术导则 地表水环境》（HJ 2.3—2018），单因子污染指数（I_i）计算公式如下：

一般水质因子（随着浓度的增加而水质变差的因子）污染指数计算公式：

$$I_i = \frac{c_i}{S_i}$$

式中：I_i 为水质指标 i 的污染指数；c_i 为水质指标 i 的实测浓度；S_i 为水质指标 i 的评价标准值，参照《地表水环境质量标准》（GB 3838—2002）中Ⅱ类水规定的标准值对巴松错水质进行评价。$I_i \leqslant 1$ 表示水体未受污染，$I_i \geqslant 1$ 表示水体受到污染，具体数值直接反应污染物超标程度（者萌等，2016）。

溶解氧（DO）指数计算公式：

$$I_{DO} = \frac{S_{DO}}{c_{DO}} \qquad (c_{DO} \leqslant DO_i)$$

$$I_{DO} = \frac{|DO_i - c_{DO}|}{DO_i - S_{DO}} \qquad (c_{DO} > DO_i)$$

式中：I_{DO} 为溶解氧指数；c_{DO} 为溶解氧实测浓度；S_{DO} 为溶解氧的评价标准值；DO_i 为巴松错水体饱和溶解氧量，$DO_i = 468/（31.6 + T）$，其中 T 为水温。

pH 指数计算公式：

$$I_{pH} = \frac{7.0 - c_{pH}}{7.0 - pH_l} \qquad (c_{pH} \leqslant 7.0)$$

$$I_{pH} = \frac{c_{pH} - 7.0}{pH_u - 7.0} \qquad (c_{pH} > 7.0)$$

式中：I_{pH} 为 pH 指数；c_{pH} 为 pH 实测值；pH_l 为 pH 评价标准值的下限；pH_u 为 pH 评价标准值的上限。

2. 综合污染指数法

采样区域的水环境整体质量采用综合污染指数来评价，首先计算各个参评指标的单因子污染指数，然后取各个单因子污染指数的算术平均值，综合污染指数（I）计算公式如下（李春燕，2021）：

$$I = \frac{1}{n} \sum_{i=1}^{n} I_i$$

式中：I 为综合污染指数，依据其值评判水质的分级标准参见表 2-2；I_i 为水质指标 i 的污染指数；n 为参评水质指标的数量。

表 2-2　水环境质量分级

分级	综合污染指数（I）	分级依据
清洁	<0.2	多数项目未检出，个别检出值在标准之内
尚清洁	0.2～0.4	检出值均在标准之内，个别接近标准
轻污染	0.4～0.7	有一项检出值超过标准
中污染	0.7～1.0	有 1～2 项检出值超过标准
重污染	1.0～2.0	多数检出值超过标准
严重污染	>2.0	全部检出值超过标准或个别检出值严重超标

（二）营养状态评价

参照《地表水环境质量评价办法（试行）》中的规定，以叶绿素 a（chl-a）、总氮（TN）、总磷（TP）和透明度（SD）等 4 个指标为依据，采用综合营养状态指数（TLI）对巴松错水环境的营养状态进行量化评价，相关计算公式如下：

综合营养状态指数计算公式：

$$TLI = \sum_{j=1}^{m} W_j \cdot TLI_j$$

式中：TLI 为综合营养状态指数，依据其值评判水体营养状态的标准参见表 2-3；W_j 为第 j 种营养指标的权重系数；TLI_j 为第 j 种营养状态指数；m 为参评水质指标的数量。

表 2-3　湖泊（水库）营养状态分级

综合营养状态指数（TLI）	营养状态
$TLI < 30$	贫营养状态
$30 \leqslant TLI \leqslant 50$	中营养状态
$50 < TLI \leqslant 60$	轻度富营养状态
$60 < TLI \leqslant 70$	中度富营养状态
$TLI > 70$	重度富营养状态

以叶绿素 a（chl-a）为基准参数，第 j 种营养指标的归一化的相关权重系数计算公式为：

$$W_j = \frac{r_{ij}^2}{\sum\limits_{j=1}^{m} r_{ij}^2}$$

式中：r_{ij} 为第 j 种水质指标与基准参数叶绿素 a 的相关系数，具体的相关系数见表 2-4；m 为参评水质指标的数量。

表 2-4　湖泊（水库）水质指标与叶绿素 a 相关关系值

参数	叶绿素 a（chl-a）	总氮（TN）	总磷（TP）	透明度（SD）
r_{ij}	1	0.820 0	0.840 0	−0.830 0
r_{ij}^2	1	0.672 4	0.705 6	0.688 9

参评水质指标营养状态指数计算公式如下：

$$叶绿素\ a：TLI_{chl-a} = 10 \times [2.5 + 1.086 \times \ln(chl-a)]$$
$$总磷：TLI_{TP} = 10 \times [9.436 + 1.624 \times \ln(TP)]$$
$$总氮：TLI_{TN} = 10 \times [5.454 + 1.694 \times \ln(TN)]$$
$$透明度：TLI_{SD} = 10 \times [5.118 - 1.941 \times \ln(SD)]$$

式中：chl-a 的单位为 mg/m^3；SD 单位为 m；其他指标单位均为 mg/L。

二、水生生物

（一）定性分析

对采集到的水生生物定性样品在显微镜下进行种类鉴定和分析。种类鉴定参照《中国淡水藻类》（胡鸿钧等，1980）、《中国西藏硅藻》（朱蕙忠和陈嘉佑，2000）、《西藏藻类》（中国科学院青藏高原综合科学考察队，1992）、《西藏水生无脊椎动物》（中国科学院青藏高原综合科学考察队，1983）、《微型生物监测新技术》（沈韫芬等，1990）、《中国淡水轮虫志》（王家楫，1961）、《中国动物志 节肢动物门 甲壳纲 淡水枝角类》（蒋燮治和堵南山，1979）、《中国动物志 节肢动物门 甲壳纲 淡水桡足类》（中国科学院动物研究所，1979）和《水生生物学》（赵文，2016）。藻类、原生动物、轮虫和枝角类鉴定到属，桡足类鉴定到目，底栖动物中水生昆虫一般鉴定到科、其他尽量鉴定到种。

（二）定量分析

1. 浮游生物

（1）密度　采用显微镜计数法进行定量分析（章宗涉和黄祥飞，1991）。充分摇匀浓缩的 50 mL 水样，用微量移液枪快速吸取 0.1 mL 注入容量为 0.1 mL 的计数框，盖上盖玻片，在显微镜（Olympus CX21）高倍镜（400 倍）下对浮游植物和原生动物进行计数，浮游植物计数的视野数可根据浮游植物多少酌情增减，原生动物全片计数；轮虫采用 1 mL 计数框在中倍镜（100 倍）下全部计数。一般计数两片，取其平均值。若该平均值与两次计数结果的差值不大于该均值的 15%，则该均值为最终计数结果，否则增加计数次数。浮游甲壳动物用 1 mL 计数框将全部过滤水样在低倍镜（40 倍）下进行分类计数，然后分别算出每升水中的个数。

每升水样中浮游植物数量的计算公式如下：

$$N = \frac{C_s}{F_s F_n} \times \frac{V}{v} \times P_n$$

式中：N 为每升水中浮游植物的细胞数，即浮游植物的密度（cells/L）；C_s 为计数框面积（mm^2）；F_s 为单个视野的面积（mm^2）；F_n 为计数的视野数；V 为 1 L 水样浓缩后的体积（mL）；v 为计数框容积（mL）；P_n 为计数 F_n 个视野后得到的浮游植物个体数。

每升水样中浮游动物数量的计算公式为：

$$N = \frac{V_s}{V V_a} \times n$$

式中：N 为 1 L 水中浮游动物个体数，即浮游动物的密度（ind. /L）；V_s 为沉淀体积（mL）；V_a 为计数体积（mL）；V 为采样体积（L）；n 为计数所获得的个体数。

（2）生物量 浮游植物、原生动物和轮虫的生物量采用体积换算法（章宗涉和黄祥飞，1991）。将各成分用 Canon IXUS 870 IS 相机或用 Leica Application Suite version 15 软件在显微镜/解剖镜（Leica EZ4D）下拍照，在电脑中根据不同种类的体形，按最近似的几何形状测量其体积，形状特殊的种类分解为几个部分测量，然后结果相加。由于密度接近于 1，故可以直接由体积换算成生物量。生物量为各种水生生物的数量乘各自的平均体积。浮游甲壳动物的生物量使用体重-体长回归公式进行换算（章宗涉和黄祥飞，1991）。

2. 着生藻类

（1）密度 快速吸取充分摇匀的定量样品 0.1 mL 放入 0.1 mL 计数框内，在显微镜下观察计数。一般计数 100～500 个视野，使得所计数值至少在 300 以上，数量特别少时全片计数，每个样品计数 2 次，取其平均值。每平方厘米基质上藻类数量的计算公式如下：

$$N = （A \times V_S \times n） / （A_C \times V_a \times S）$$

式中：N 为每升水样中藻类的细胞数（cells/L）；A 为计数框面积（mm^2）；A_C 为计数面积（mm^2）；V_S 为样品浓缩后的体积（mL）；V_a 为计数框的体积（mL）；n 为计数所获得藻类的个数；S 为刮取基质的总面积（cm^2）。

（2）生物量 生物量计算方法同浮游生物。

3. 底栖动物

（1）密度 个体较大的昆虫或软体动物用肉眼计数，其他皆在解剖镜（Motic SMZ-168）或显微镜下计数，然后计算出每平方米的数量。

（2）生物量 底栖动物由于个体比较大，直接用分析天平称重（精确至 0.000 1 g）。

三、鱼类生物学

（一）年龄

1. 年龄鉴定材料处理

正式处理耳石前，分别选取各种裂腹鱼的少量微耳石，从不同角度进行预打磨，比较耳石轮纹的完整性、清晰度和年龄鉴定效果，确定打磨角度，然后按照选好的角度，用树脂包埋，固定在载玻片上，用水磨砂纸（600$^\#$～2000$^\#$）打磨，抛光纸抛光，并随时在显微镜（Olympus CX21）下观察。当打磨至耳石中心时，用丙酮将树脂溶解，将耳石翻面，用同样的方法包埋、打磨和抛光，直到耳石核区清晰为止（He et al.，2008）。

2. 年龄鉴定

在不知道样本个体大小、性别和采集日期的情况下，同一观察者对年龄材料进行 2 次鉴定，如果 2 次鉴定结果相同，则采用这一年龄鉴定结果；如果有差异，则进行第 3 次鉴定，若第 3 次鉴定结果与前两次鉴定结果都不同，将这一样本舍弃，否则，采用第 3 次年龄鉴定结果。不同次年龄鉴定的时间间隔不少于 4 周。

年龄组划分：将裂腹鱼类的繁殖高峰期 4 月 1 日作为年龄递增日期（谢从新等，2019）。

（二）生长

1. 体重与体长关系

采用幂函数关系式描述鱼类体重与体长关系：

$$W = aL^b$$

式中：W 为体重，单位为 g；L 为体长，单位为 mm；a 为常数；b 为异速生长指数。

采用协方差分析（ANCOVA）对不同性别的体重体长关系进行显著性分析（Cazorla and Sidorkewicj，2008）。采用 t 检验对异速生长指数（b）和 3 进行比较，判断是否为匀速生长。

2. 生长方程

采用 von Bertalanffy 生长方程对生长特性进行描述，公式如下：

$$L_t = L_\infty \left[1 - e^{-k(t-t_0)} \right]$$
$$W_t = W_\infty \left[1 - e^{-k(t-t_0)} \right]^b$$

式中：L_t 表示 t 龄时的体长，单位为 mm；L_∞ 表示渐近体长，单位为 mm；W_t 表示 t 龄时的体重，单位为 g；W_∞ 表示渐近体重，单位为 g；b 表示异速生长指数；t_0 表示理论上体长或体重等于零时的年龄；k 表示生长曲线的平均曲率。

表观生长指数 $\emptyset = \lg k + 2\lg L_\infty$，用于比较分析亲缘关系相近的不同鱼类或不同种群的生长情况（Munro and Pauly，1983）。

3. 生长速度和加速度方程

对生长方程进行一阶求导和二阶求导，获得生长速度和加速度方程，公式如下：

$$dL/dt = L_\infty k e^{-k(t-t_0)}$$
$$dW/dt = bW_\infty k e^{-k(t-t_0)} \left[1 - e^{-k(t-t_0)} \right]^{b-1}$$
$$d^2L/dt^2 = -L_\infty k^2 e^{-k(t-t_0)}$$
$$d^2W/dt^2 = bW_\infty k^2 e^{-k(t-t_0)} \left[1 - e^{-k(t-t_0)} \right]^{b-2} \left[b e^{-k(t-t_0)} - 1 \right]$$

式中：dL/dt 为体长生长速度；dW/dt 为体重生长速度；d^2L/dt^2 为体长生长加速度；

d^2W/dt^2 为体重生长加速度；L_∞ 为渐近体长，单位为 mm；t_0 为理论上体长或体重为零时的年龄；W_∞ 为渐近体重，单位为 g；b 为异速生长指数。

（三）食性分析

1. 食物定性和定量分析

将肠含物倒入锥形瓶中，用蒸馏水定容，然后用计数框在显微镜（Olympus CX21）下观察。藻类和原生动物采用 0.1 mL 计数框在高倍镜下进行鉴定和计数，轮虫、枝角类、桡足类等采用 1.0 mL 计数框在中倍镜下进行鉴定和计数。食物成分的鉴定、计数和重量测定方法，参见本章水生生物定性和定量分析方法。

2. 评价指标及计算方法

采用下列指数分析鱼类的食物组成。

（1）出现率百分比：$O_i\% = \dfrac{O_i}{N_T - N_C} \times 100\%$；

（2）个数百分比：$N_i\% = \dfrac{N_i}{\sum_1^n N_i} \times 100\%$；

（3）重量百分比：$W_i\% = \dfrac{W_i}{\sum_1^n W_i} \times 100\%$；

（4）相对重要性指数：$IRI_i = (W_i\% + N_i\%) \times O_i\%$（Pinkas et al.，1971）；

（5）相对重要性指数百分比：$IRI_i\% = \dfrac{IRI_i}{\sum_1^n IRI_i} \times 100\%$（Cortés，1997）。

上述各式中：N_C 为消化道不含有食物的鱼的数量；N_T 为解剖鱼的总数量；O_i 为含饵料 i 的鱼的数量；N_i、W_i 和 IRI_i 分别为饵料 i 的数量、重量和相对重要性指数。

3. 稳定同位素分析

滤膜样品先用 1 mol/L 的 HCl 酸化处理，去除可能影响 $\delta^{13}C$ 测定的碳酸钙等碳酸盐（Wang et al.，2014）。所有样品经 60℃ 烘箱加热 48 h 至恒重，用研钵磨成粉末放入 1.5 mL 离心管中干燥保存待测。所有稳定同位素样品通过 Flash EA-1112HT 元素分析仪和 Delta V Advantage 同位素质谱仪（Thermo Fisher Scientific，Inc.，USA）联合分析。碳（$\delta^{13}C$）、氮（$\delta^{15}N$）同位素的参照物质分别是 VPDB（Pee Dee Belemnite）和空气中纯净的 N_2，标准物质分别是国际上通用的 IAEA-USGS24 和 IAEA-USGS25。分析结果表示为：

$$\delta R = [(X_{sample} - X_{standard}) / X_{standard}] \times 10^3$$

式中：R 表示 ^{13}C 或 ^{15}N；X 表示重同位素与轻同位素的比值，即 $^{13}C/^{12}C$ 或 $^{15}N/^{14}N$。对于碳氮比高于 3.5 的鱼类，使用 Post et al.（2007）推荐的方程校正 $\delta^{13}C$ 值：$\delta^{13}C$ 校正 = $\delta^{13}C - 3.32 + 0.99 \times (C:N)$。

4. 营养级计算

根据底栖动物对基线生物氮稳定同位素比值的相对值，计算该生物的营养级（TL）。

营养级计算公式如下：

$$TL = \lambda + (\delta^{15}N_{con} - \delta^{15}N_{bas}) / \Delta\delta^{15}N$$

式中：TL 为营养级；λ 为基线生物营养级，本研究中底栖动物为基线生物，故营养级取值为 2；$\delta^{15}N_{con}$ 和 $\delta^{15}N_{bas}$ 分别为水体消费者（鱼类和底栖动物）的氮同位素值和底栖动物的氮同位素值；$\Delta\delta^{15}N$ 为营养级传递过程中氮同位素富集度，本研究中取值为 3.4‰。

（四）繁殖

1. 性成熟大小

最小成熟个体：渔获物中性腺处于Ⅲ期或Ⅳ期的最小个体称为最小成熟个体。

2. 性腺发育

依据成熟个体的性体指数（GSI）研究鱼类性腺发育周期。计算公式如下：

$$GSI = W_G / W_V \times 100\%$$

式中：GSI 为性体指数；W_G 为性腺重，单位为 g；W_V 为除内脏体重，单位为 g。

3. 繁殖力

抽取一定数量的Ⅳ期雌鱼，称取卵巢重（精确到 0.1 g），分别从卵巢的前、中、后部随机取部分卵巢称取 1～5 g，以 10％福尔马林固定。计数所有开始沉积卵黄的卵粒（Ⅲ、Ⅳ时相卵母细胞），获得每克卵巢所含卵粒数，并以此计算绝对怀卵量和相对怀卵量。采用回归分析法分别检验体长、体重、年龄和卵巢重与绝对怀卵量的关系。

绝对怀卵量＝1 g 卵巢组织的卵粒数×卵巢重

相对怀卵量＝绝对怀卵量/去内脏体重

主要参考文献

陈大庆，2014. 河流水生生物调查指南 ［M］. 北京：科学出版社.

陈毅峰，曹文宣，2000. 裂腹鱼亚科 ［C］//乐佩奇. 中国动物志 硬骨鱼纲 鲤形目（下卷）. 北京：科学出版社：273-388.

褚新洛，郑葆珊，戴定远，1999. 中国动物志 硬骨鱼纲 鲇形目 ［M］. 北京：科学出版社.

国家环保局《水生生物监测手册》编委会，1993. 水生生物监测手册 ［M］. 南京：东南大学出版社.

国家环境保护局，1987. 水质 亚硝酸盐氮的测定 分光光度法：GB 7493—1987 ［S］. 北京：中国标准出版社.

国家环境保护局，1989. 渔业水质标准：GB 11607—1989 ［S］. 北京：中国标准出版社.

国家环境保护总局，国家质量环境监督检验检疫局，2002. 地表水环境质量标准：GB 3838—2002 ［S］. 北京：中国标准出版社.

国家环境保护总局《水和废水监测分析方法》编委会，2002. 水和废水监测分析方法 ［M］. 4 版. 北京：中国环境科学出版社.

胡鸿钧，李尧英，魏印心，等，1980. 中国淡水藻类 ［M］. 上海：上海科学技术出版社.

环境保护部，2007. 水质 硝酸盐氮的测定 紫外分光光度法（试行）：HJ/T 346—2007 ［S］. 北京：中国环境科学出版社.

环境保护部，2009. 水质 氨氮的测定 纳氏试剂分光光度法：HJ 535—2009［S］. 北京：中国环境科学出版社.

环境保护部，2012. 水质 总氮的测定 碱性过硫酸钾消解紫外分光光度法：HJ 636—2012［S］. 北京：中国环境科学出版社.

环境保护部，2013. 水质 磷酸盐的测定 连续流动-钼酸铵分光光度法：HJ 670—2013［S］. 北京：中国环境科学出版社.

环境保护部，2013. 水质 总磷的测定 流动注射-钼酸铵分光光度法：HJ 671—2013［S］. 北京：中国环境科学出版社.

环境保护部，2014. 生物多样性观测技术导则 内陆水域鱼类：HJ 710.7—2014［S］. 北京：中国环境科学出版社.

蒋燮治，堵南山，1979. 中国动物志 节肢动物门 甲壳纲 淡水枝角类［M］. 北京：科学出版社.

李春燕，2021. 邯郸大型水库水体质量及富营养化综合评价［J］. 水资源开发与管理（7）：37-40，63.

刘保元，1983. 人工基质采样器的设计和应用［J］. 环境科学，4（2）：67-70.

农业部，2007. 渔业生态环境监测规范 第3部分：淡水：SC/T 9102.3—2007［S］//农业标准出版研究中心. 最新中国水产行业标准. 北京：中国农业出版社.

沈韫芬，章宗涉，龚循矩，等，1990. 微型生物监测新技术［M］. 北京：中国建筑工业出版社.

生态环境部，2018. 环境影响评价技术导则 地表水环境：HJ 2.3—2018［S］. 北京：中国环境科学出版社.

水利部，2014. 水库渔业资源调查规范：SL 167—2014［S］. 北京：中国水利水电出版社.

王家楫，1961. 中国淡水轮虫志［M］. 北京：科学出版社.

西藏自治区水产局，1995. 西藏鱼类及其资源［M］. 北京：中国农业出版社.

谢从新，2010. 鱼类学［M］. 北京：中国农业出版社.

谢从新，霍斌，魏开建，等，2019. 雅鲁藏布江中游裂腹鱼类生物学与资源养护［M］. 北京：科学出版社.

张觉民，何志辉，1991. 内陆水域渔业自然资源调查手册［M］. 北京：农业出版社.

章宗涉，黄祥飞，1991. 淡水浮游生物研究方法［M］. 北京：科学出版社.

赵文，2016. 水生生物学［M］. 2版. 北京：中国农业出版社.

者萌，张雪芹，孙瑞，等，2016. 西藏羊卓雍错流域水体水质评价及主要污染因子［J］. 湖泊科学，28（2）：287-294.

中国科学院动物研究所，1979. 中国动物志 节肢动物门 甲壳纲 淡水桡足类［M］. 北京：科学出版社.

中国科学院南京地理与湖泊研究所，2015. 湖泊调查技术规程［M］. 北京：科学出版社.

中国科学院青藏高原综合科学考察队，1983. 西藏水生无脊椎动物［M］. 北京：科学出版社.

中国科学院青藏高原综合科学考察队，1992. 西藏藻类［M］. 北京：科学出版社.

朱蕙忠，陈嘉佑，2000. 中国西藏硅藻［M］. 北京：科学出版社.

朱松泉，1989. 中国条鳅志［M］. 南京：江苏科学技术出版社.

Cazorla A L，Sidorkewicj N，2008. Age and growth of the largemouth perch *Percichthys colhuapiensis* in the Negro River，Argentine Patagonia［J］. Fisheries Research，92：169-179.

Cortés E，1997. A critical review of methods of studying fish feeding based on analysis of stomach contents：application to elasmobranch fishes［J］. Canadian Journal of Fisheries and Aquatic Sciences，54：726-738.

He W P，Li Z J，Liu J S，et al.，2008. Validation of a method of estimating age，modelling growth，and describing the age composition of *Coilia mystus* from the Yangtze Estuary，China［J］. ICES Journal of Marine Sciences，65：1655-1661.

Li J，Zhou Q，Yuan G，et al.，2015. Mercury bioaccumulation in the food web of Three Gorges Reservoir（China）：tempo-spatial patterns and effect of reservoir management［J］. Science of Total Environment，527：203-210.

Massutí E，Morales-Nin B，Moranta J，2000. Age and growth of blue-mouth，*Helicolenus dactylopterus*（Osteichthyes：Scorpaenidae），in the western Mediterranean［J］. Fisheries Research，46：165-176.

Munro J D，Pauly D，1983. A simple method for comparing the growth of fishes and invertebrates［J］. Fishbyte，1（1）：5-6.

Pinkas L，Oliphant M S，Iverson I L K，1971. Food habits of albacore，bluefin tuna，and bonito in California waters［J］. Fishery Bulletin，152：1-105.

Post D M，2007. Testing the productive-space hypothesis：rational and power［J］. Oecologia，153：973-984.

Post D M，Layman C A，Arrington D A，et al.，2007. Getting to the fat of the matter：models，methods and assumptions for dealing with lipids in stable isotope analyses［J］. Oecologia，152：179-189.

Wang J，Gu B，Huang J，et al.，2014. Terrestrial contributions to the aquatic food web in the middle Yangtze River［J］. PLoS One，9（7）：e102473.

第三章
巴松错渔业环境特征

渔业环境一般由非生物环境与生物环境组成。非生物环境，即水体中水和其所含物质与环境相互作用共同表现出的物理和化学特性。水作为鱼类和其他经济水生生物的生活介质，其理化状况直接影响鱼类生存和渔业发展，因此，在考虑渔业环境对鱼类资源的影响时，查明水质状态是非常必要的（谢从新等，2021）。生物环境即水生生物，其是水生生态系统的重要组成部分，在水生生态系统物质循环和能量流动中发挥着关键作用（戴纪翠和倪晋仁，2008）。水生生物对环境的变化非常敏感，其群落结构、优势种群和生物多样性是评价水质与水体营养水平的主要指标，对水环境的保护具有重要作用（王晓清等，2013）。几乎所有的水生生物都可以作为鱼类的饵料资源，因而了解水域中水生生物群落结构有助于分析鱼类资源变动的原因。本章对巴松错水体理化特性、水生生物种群结构、优势种类、密度及生物量等进行了调查研究，分析了水体理化因子与水生生物多样性的相关性，以期为巴松错水环境保护和渔业资源管理提供依据。

第一节　非生物环境

一、水体理化特性

　　枯水季和丰水季巴松错的基本水体理化指标及其对比见表 3-1 和表 3-2。枯水季水深范围为 11.50～88.20 m，丰水季水深范围为 14.50～100.50 m，丰水季水深显著高于枯水季，巴松错水位变化受降水量以及上游的冰雪融水影响较大。枯水季表层水温 7.90～8.60℃，丰水季表层水温 11.93～12.83℃，丰水季表层水温显著高于枯水季，这可能与丰水季太阳辐射强度大相关。枯水季透明度范围为 4.21～4.60 m，丰水季透明度范围为 1.30～1.71 m，枯水季透明度显著大于丰水季，丰水季由于雨水和冰雪融水的补给，入湖河流将大量的泥沙和营养物质带入湖中，从而引起透明度的降低。枯水季 pH 范围为 7.49～7.78，丰水季 pH 范围为 7.17～7.47，枯水季与丰水季 pH 差异不显著。枯水季溶解氧范围为 7.44～8.56 mg/L，丰水季溶解氧范围为 7.16～7.64 mg/L，枯水季溶解氧比丰水季丰富，这可能与枯水季水温和营养盐浓度较低相关。枯水季总氮和氨氮浓度范围为 0.30～1.55 mg/L 和 0.016～0.028 mg/L，丰水季总氮和氨氮浓度范围为 0.24～2.34 mg/L 和 0.028～0.034 mg/L，丰水季总氮和氨氮浓度显著大于枯水季，丰水季由于雨水和冰雪融水的补给，入湖河流将大量的营养物质带入湖中，加之丰水季是巴松错旅游的黄金季节，排入湖中的污染物显著增加，最终导致湖水中氮含量的增大。枯水季总磷、硝态氮、亚硝态氮和可溶性磷酸盐浓度范围分别 0.012～0.018 mg/L、0.09～0.17 mg/L、0.001 0～0.001 5 mg/L 和 0.002～0.007 mg/L，丰水季总磷、硝态氮、亚硝态氮和可溶性磷酸盐浓度范围分别 0.008～0.014 mg/L、0.03～0.21 mg/L、0.000 7～0.001 5 mg/L 和 0.003～0.007 mg/L，枯水季上述 4 项水质指标浓度与丰水季近似。枯水季叶绿素 a 浓度范围为 0.22～0.31 $\mu g/L$，丰水季叶绿素 a 浓度范围为 0.41～1.03 $\mu g/L$，丰水季湖水温度和营养盐浓度增大，引起着生藻类繁盛，导致湖水叶绿素 a 含量增加。

表 3-1 巴松错不同水文时期的水体理化指标对比

理化指标	枯水季	丰水季	P
深度（m）	57.100 0±24.166 8	63.860 0±28.574 4	0.033*
水温（℃）	8.300 0±0.238 0	12.240 0±0.322 4	0.003**
透明度（m）	4.350 0±0.122 2	1.460 0±0.149 6	0.001**
pH	7.590 0±0.094 5	7.300 0±0.102 7	0.368
溶解氧（mg/L）	8.130 0±0.352 5	7.470 0±0.166 9	0.041*
总氮（mg/L）	0.710 0±0.404 0	1.300 0±0.915 3	0.023*
总磷（mg/L）	0.016 0±0.002 1	0.010 0±0.002 0	0.154
氨氮（mg/L）	0.021 0±0.004 1	0.030 0±0.002 0	0.031*
硝态氮（mg/L）	0.118 0±0.025 4	0.120 0±0.073 1	0.846
亚硝态氮（mg/L）	0.001 4±0.000 2	0.001 2±0.000 3	0.524
可溶性磷酸盐（mg/L）	0.005 0±0.001 5	0.005 0±0.001 6	0.912
叶绿素 a 浓度（$\mu g/L$）	0.250 0±0.088 4	0.690 0±0.223 9	0.002 4**

注：* 表示差异显著（$P<0.05$），** 表示差异极显著（$P<0.01$）。

二、水质评价

（一）水质评价

基于单因子污染指数法，枯水季巴松错除 5 号站位外，其余 4 个站位水体均达到 Ⅲ 类水质，5 号站位水体达到 Ⅴ 类水质，超标的指标为总氮，超标倍数为 0.55 倍，总体上枯水季巴松错水体达到 Ⅲ 类水质；丰水季巴松错 2 号和 4 号站位水体均达到 Ⅱ 类水质，5 号站位水体达到 Ⅳ 类水质，超标指标为总氮，超标倍数为 0.35 倍，1 号和 3 号站位水体达到劣 Ⅴ 类水质，超标指标均为总氮，超标倍数分别为 1.27 倍和 1.34 倍，总体上丰水季巴松错水体达到 Ⅳ 类水质，超标指标为总氮，超标倍数为 0.30 倍（表 3-3）。

表 3-2 巴松错不同水文时期各采样站位水体理化指标

理化指标	枯水季					丰水季				
	1 号站位	2 号站位	3 号站位	4 号站位	5 号站位	1 号站位	2 号站位	3 号站位	4 号站位	5 号站位
深度 (m)	54.900 0	88.200 0	53.100 0	78.000 0	11.500 0	61.800 0	100.500 0	61.500 0	81.000 0	14.500 0
水温 (℃)	7.900 0	8.100 0	8.400 0	8.600 0	8.500 0	11.970 0	11.930 0	12.270 0	12.200 0	12.830 0
透明度 (m)	4.360 0	4.300 0	4.600 0	4.280 0	4.210 0	1.300 0	1.350 0	1.710 0	1.400 0	1.550 0
pH	7.530 0	7.780 0	7.530 0	7.490 0	7.610 0	7.270 0	7.170 0	7.250 0	7.360 0	7.470 0
溶解氧 (mg/L)	7.440 0	8.190 0	8.400 0	8.560 0	8.040 0	7.640 0	7.160 0	7.590 0	7.470 0	7.470 0
总氮 (mg/L)	0.730 0	0.440 0	0.530 0	0.300 0	1.550 0	2.270 0	0.240 0	2.340 0	0.280 0	1.350 0
总磷 (mg/L)	0.016 0	0.018 0	0.012 0	0.018 0	0.014 0	0.014 0	0.010 0	0.008 0	0.010 0	0.010 0
氨氮 (mg/L)	0.028 0	0.024 0	0.019 0	0.017 0	0.016 0	0.030 0	0.028 0	0.030 0	0.034 0	0.030 0
硝态氮 (mg/L)	0.170 0	0.120 0	0.110 0	0.100 0	0.090 0	0.210 0	0.030 0	0.150 0	0.030 0	0.160 0
亚硝态氮 (mg/L)	0.001 5	0.001 5	0.001 3	0.001 5	0.001 0	0.001 3	0.001 5	0.001 3	0.001 3	0.000 7
可溶性磷酸盐 (mg/L)	0.005 0	0.005 0	0.002 0	0.007 0	0.004 0	0.006 0	0.003 0	0.007 0	0.004 0	0.003 0
叶绿素 a (μg/L)	0.240 0	0.220 0	0.310 0	0.250 0	0.220 0	0.570 0	0.410 0	0.590 0	0.870 0	1.030 0

表3-3 巴松错不同水文时期水和水质和营养状态评价结果

理化指标	枯水季						丰水季					
	1号站位	2号站位	3号站位	4号站位	5号站位	总体	1号站位	2号站位	3号站位	4号站位	5号站位	总体
pH	0.35	0.52	0.35	0.33	0.41	0.39	0.18	0.110	0.17	0.240	0.31	0.20
溶解氧 (mg/L)	0.67	0.61	0.6	0.58	0.62	0.62	0.65	0.700	0.66	0.670	0.67	0.67
总氮 (mg/L)	0.73	0.44	0.53	0.30	1.55	0.71	2.27	0.240	2.34	0.280	1.35	1.30
总磷 (mg/L)	0.32	0.36	0.24	0.36	0.28	0.32	0.28	0.200	0.16	0.200	0.20	0.20
氨氮 (mg/L)	0.03	0.02	0.02	0.02	0.02	0.02	0.03	0.028	0.03	0.034	0.03	0.03
水质类别	III	II	III	II	V	III	劣V	II	劣V	II	IV	IV
综合污染指数	0.42	0.39	0.35	0.32	0.57	0.41	0.68	0.26	0.67	0.28	0.51	0.48
综合营养状态指数	25.31	23.62	23.7	22.67	27.45	25.35	37.31	26.39	34.26	29.42	35.42	34.14

基于综合污染指数法，枯水季巴松错 2～4 号站位水体均处于尚清洁状态，而 1 号和 5 号站位水体出现轻度污染，主要的污染物为总氮，总体上巴松错枯水季水体处于轻度污染状态，主要污染物为总氮；丰水季巴松错 2 号和 4 号站位水体均处于尚清洁状态，而 1 号、3 号和 5 号站位水体出现轻度污染，主要污染物同样为总氮，总体上巴松错丰水季水体处于轻度污染状态，主要污染物为总氮（表 3-3）。

尽管基于综合污染指数法巴松错枯水季和丰水季的水体都处于轻度污染状态，但枯水季综合污染指数（0.41）要低于丰水季（0.48），因此，无论基于何种水质评价方法，巴松错枯水季水质都要优于丰水季，丰水季由于雨水和冰雪融水的补给，入湖河流将大量的营养物质带入湖中，加之丰水季是巴松错旅游的黄金季节，排入湖中的污染物显著增加，最终导致湖水中氮含量的增大，引发其水质恶化。此外，巴松错 2 号和 4 号站位的水质一般要优于 1 号、3 号和 5 号站位，1 号、3 号和 5 号站位邻近巴松错南岸人口密集区，而 2 号和 4 号站位紧邻北岸山脚，1 号、3 号和 5 号站位水质较差可能与人类生产生活产生的污染物相关。

（二）营养状态评价

枯水季巴松错 5 个站位综合营养状态指数范围为 22.67～27.45，总体上综合营养状态指数为 25.35，按照国家营养状态评级标准，枯水季巴松错各个站位和总体上均处于贫营养状态；而丰水季巴松错 1 号、3 号和 5 号站位综合营养状态指数范围为 34.26～37.31，处于中营养状态，2 号和 4 号站位综合营养状态指数分别为 26.39 和 29.42，均处于贫营养状态，总体上综合营养状态指数为 34.14，处于中营养状态（表 3-3）。巴松错水体营养状态的时空变化特征与水文情势和人类活动的时空特征密切相关。

第二节　生物环境

一、浮游植物

（一）种类组成

调查期间巴松错共观察到浮游植物 6 门 16 科 22 属（表 3-4），其中硅藻门（Bacillariophyta）14 属，占藻类总属数的 63.6%；蓝藻门（Cyanophyta）3 属，占 13.6%；绿藻门（Chlorophyta）2 属，占 9.1%；裸藻门（Euglenophyta）、金藻门（Chrysophyta）和甲藻门（Pyrrophyta）均只有 1 属，各占 4.5%。巴松错浮游植物的优势类群以硅藻为主，不同水文时期的种类组成有所不同，丰水季检出 18 属，优势属为针杆藻属（*Synedra*）、脆杆藻属（*Fragilaria*），枯水季检出 14 属，优势属为小环藻属

（*Cyclotella*）。巴松错浮游植物群落以硅藻门、蓝藻门和绿藻门为主，物种组成均表现为硅藻-蓝藻-绿藻型，这与安瑞志等（2021）对巴松错的调查结果一致，同时也与李红等（2014）对博斯腾湖、田泽斌等（2014）对三峡水库香溪河库湾、王婕等（2015）对西藏西南部16个湖泊以及孙文秀等（2019）对山东水库的研究结果相似，表明巴松错浮游植物群落结构具有一般湖库的普遍性特征。

表 3 - 4　巴松错浮游植物的种类组成

门	科	属	枯水季	丰水季
硅藻门（Bacillariophyta）	圆筛藻科（Coscinodiscaceae）	小环藻属（*Cyclotella*）	+++	+
		直链藻属（*Melosira*）	+	+
	脆杆藻科（Fragilariaceae）	针杆藻属（*Synedra*）	++	+++
		脆杆藻属（*Fragilaria*）	+	+++
		峨眉藻属（*Ceratoneis*）		+
	平板藻科（Tabellariaceae）	等片藻属（*Diatoma*）		+
	短缝藻科（Eunotiaceae）	短缝藻属（*Eunoria*）		+
	舟形藻科（Naviculaceae）	舟形藻属（*Navicula*）	++	++
		布纹藻属（*Gyrosigma*）	+	
		双壁藻属（*Diploneis*）	+	+
	桥弯藻科（Cymbellaceae）	桥弯藻属（*Cymbella*）	+	+
	菱板藻科（Nitzschiaceae）	菱形藻属（*Nitzschia*）	+	++
	异极藻科（Gomphonemaceae）	异极藻属（*Gomphonema*）		+
	双菱藻科（Surirellaceae）	双菱藻属（*Surirella*）	+	++
绿藻门（Chlorophyta）	鼓藻科（Desmidiaceae）	棒形鼓藻属（*Gonatozygon*）		+
		新月藻属（*Closterium*）	+	
蓝藻门（Cyanophyta）	色球藻科（Chroococcaceae）	色球藻属（*Chroococcus*）		+
	颤藻科（Osicillatoriaceae）	颤藻属（*Oscillatoria*）		+
	念珠藻科（Nostocaceae）	念珠藻属（*Nostoc*）		+
金藻门（Chrysophyta）	棕鞭金藻科（Ochromonadaceae）	锥囊藻属（*Dinobryon*）	+	+
裸藻门（Euglenophyta）	裸藻科（Euglenaceae）	囊裸藻属（*Trachelomonas*）	+	
甲藻门（Pyrrophyta）	多甲藻科（Peridiniaceae）	多甲藻属（*Peridinium*）	+	

注：+++表示很多，++表示较多，+表示出现。

（二）时空变化特征

巴松错浮游植物的密度和生物量见图 3-1。总体上，浮游植物的年平均密度为 4.66×
10^3 cells/L，枯水季的密度（5.01×10^3 cells/L）略高于丰水季的密度（4.32×10^3 cells/L）。
浮游植物的年平均生物量为 2.57×10^{-3} mg/L，枯水季的生物量（3.16×10^{-3} mg/L）高
于丰水季的生物量（1.98×10^{-3} mg/L）。其中，硅藻门的密度和生物量始终都占绝对优
势，分别占总量的 82.48% 和 98.44%，甲藻门只在定性样品中出现。丰水季由于降水量
和冰雪融水的补给，水位上涨，透明度降低，导致藻类的光合作用受阻，从而引起浮游植
物密度和生物量的降低。巴松错南岸水域（1 号站位、3 号站位和 5 号站位）浮游植物密
度和生物量通常要高于北岸水域（2 号站位和 4 号站位）。旅游观光点、村落和河流入湖
口主要分布于巴松错南岸区域，人类活动和入湖河流给南岸水域带来了丰富的营养盐，从
而使得该处的浮游生物密度和生物量增大。

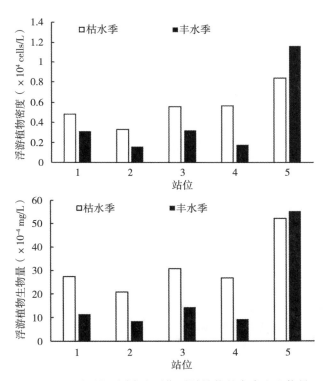

图 3-1 巴松错不同水文时期浮游植物的密度和生物量

二、浮游动物

（一）种类组成

调查期间在巴松错共采集到浮游动物 8 科 10 属（表 3-5），其中轮虫（Rotifera）6

属，占 60.0%，枝角类（Cladocera）1 属，占 10.0%，桡足类（Copepoda）3 属，占 30.0%。不同水文时期的种类组成有所不同，丰水季检出 9 属，枯水季检出 4 属，两个水文时期中镖水蚤属（*Sinodiaptomus*）均为优势种。龚迎春等（2012）报道了巴松错浮游动物群落由原生动物、轮虫、枝角类和桡足类组成，而本调查仅检测到轮虫、枝角类和桡足类，这可能是采集的浮游动物水样因存放时间较长引起原生动物降解导致的。

（二）时空变化特征

巴松错浮游动物的密度和生物量见图 3-2。总体上，各类浮游动物的数量均极少，年平均密度为 1.91 ind./L，枯水季的密度（0.84 ind./L）显著低于丰水季的密度（2.92 ind./L）（$P < 0.05$）。浮游动物的年平均生物量为 0.05 mg/L，枯水季的生物量（0.02 mg/L）显著低于丰水季的生物量（0.07 mg/L）（$P < 0.05$）。其中，桡足类的密度和生物量始终占绝对优势。巴松错南岸水域浮游动物密度和生物量通常要低于北岸水域，北岸水域位于山脚处，岸边坡度较大，处于敞水区，且受人类活动干扰较小，为浮游动物提供了较为适宜的栖息环境，故该区域的密度和生物量相对较高。

表 3-5　巴松错浮游动物种类组成

类	科	属	枯水季	丰水季
轮虫（Rotifera）	臂尾轮科（Brachionidae）	臂尾轮属（*Brachionus*）	++	++
	晶囊轮科（Asplanchnidae）	晶囊轮属（*Asplanchna*）		+
		囊足轮属（*Asplanchnopus*）		++
	疣毛轮科（Synchaetidae）	疣毛轮属（*Synchaeta*）		++
		多肢轮属（*Polyarthra*）		+
	镜轮科（Testudinellidae）	三肢轮属（*Filinia*）	+	++
枝角类（Cladocera）	盘肠溞科（Chydoriodae）	尖额溞属（*Alona*）		+
桡足类（Copepoda）	剑水蚤科（Cyclopidae）	中剑水蚤属（*Mesocyclops*）		++
	镖水蚤科（Diaptomidae）	中镖水蚤属（*Sinodiaptomus*）	+++	+++
	阿玛猛水蚤科（Ameiridae）	美丽猛水蚤属（*Nitocra*）	+	
	无节幼体（nauplii）		++	++

注：+++表示很多，++表示较多，+表示出现。

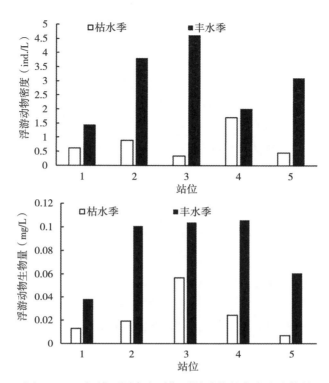

图 3-2 巴松错不同水文时期浮游动物的密度和生物量

三、底栖动物

（一）种类组成

调查期间巴松错共采集到底栖动物 2 门 5 科 7 属（表 3-6），其中环节动物门（Annelida）2 科 2 属，节肢动物门（Arthropoda）3 科 5 属。不同水文时期底栖动物分布呈现时间差异性，枯水季检出 7 属，优势种为水丝蚓属（*Limnodrilus*）和多足摇蚊属（*Palypedilum*），丰水季检出 4 属，优势种为仙女虫属（*Nais*），钩虾属（*Gammarus*）和短石蛾属（*Brachycentra*）仅在枯水季的 3 号站位发现。王宝强（2019）通过对西藏 41 个湖泊底栖动物群落结构的调查发现，寡毛纲和摇蚊科为西藏淡水湖泊底栖动物群落的优势种，这与本调查结果一致。

表 3-6 巴松错底栖动物种类组成

门	科	属	枯水季	丰水季
环节动物门（Annelida）	颤蚓科（Naididae）	水丝蚓属（*Limnodrilus*）	+++	+
	仙女虫科（Naididae）	仙女虫属（*Nais*）	+	+++

（续）

门	科	属	枯水季	丰水季
节肢动物门（Arthropoda）	摇蚊科（Chironomidae）	多足摇蚊属（*Palypedilum*）	+++	+
		长足摇蚊属（*Tanypus*）	++	
		前寡角摇蚊属（*Pordiamesa*）	++	+
	短石蛾科（Brachycentridae）	短石蛾属（*Brachycentra*）	+	
	钩虾科（Cryptmonadaceae）	钩虾属（*Gammarus*）	+	

注：+++表示很多，++表示较多，+表示出现。

（二）时空变化特征

巴松错底栖动物的密度和生物量见图 3-3。底栖动物的年平均密度为 142.81 ind. /m²，年平均生物量为 0.16 g/m²。其中，枯水季底栖动物的平均密度为 224.00 ind. /m²，摇蚊科占 96.3%，平均生物量为 0.28 g/m²，摇蚊科占 21.8%；丰水季底栖动物的平均密度为 77.87 ind. /m²，其中仙女虫科占 80.6%；平均生物量为 0.07 g/m²，其中摇蚊科和仙女虫科各贡献了生物量的 49.8% 和 50.2%。巴松错北岸水域底栖动物密度和生物量一般要高于南岸水域，北岸水域位于山脚处，岸边坡度较大，处于敞水区，底质以淤泥为主，湖区从外界汇入和自身产生的有机物和营养盐可能以沉积物的形式储存于底质中，且巴松错底栖动物以

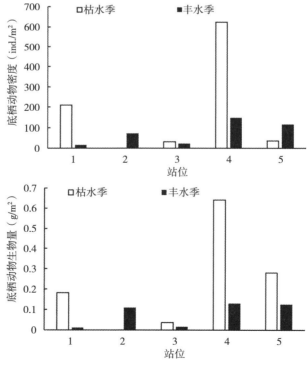

图 3-3　巴松错不同水文时期底栖动物的密度和生物量

水丝蚓和摇蚊幼虫等耐污种为优势种，故北岸水域底栖动物的密度和生物量相对较高。

四、着生藻类

（一）种类组成

调查期间在巴松错采集到的着生藻类共有 3 门 14 科 26 属（表 3 - 7），其中硅藻门最多，共有 15 属，占 57.7%；蓝藻门次之，有 6 属，占 23.1%；绿藻门 5 属，占 19.2%。着生藻类的优势类群以硅藻为主，不同水文时期的种类组成略有不同，丰水季检出 16 属，优势属为针杆藻属、脆杆藻属、舟形藻属（*Navicula*）和桥弯藻属（*Cymbella*），枯水季检出 25 属，优势属为针杆藻属、脆杆藻属、舟形藻属和双菱藻属（*Surirella*）。巴松错着生藻类群落与浮游植物类似，均以硅藻门、蓝藻门和绿藻门为主，物种组成均表现为硅藻-蓝藻-绿藻型，这与王丽卿等（2012）对淀山湖、丁娜等（2015）对太湖五里湖以及钱奎梅等（2021）对鄱阳湖的研究结果相似，表明巴松错着生藻类群落结构具有一般湖库的普遍性特征。

表 3 - 7　巴松错着生藻类的种类组成

门	科	属	枯水季	丰水季
硅藻门（Bacillariophyta）	圆筛科（Coscinodiscaceae）	小环藻属（*Cyclotella*）	+	++
		直链藻属（*Melosira*）	+	+
	脆杆藻科（Fragilariaceae）	针杆藻属（*Synedra*）	+++	+++
		脆杆藻属（*Fragilaria*）	+++	+++
	平板藻科（Tabellariaceae）	等片藻属（*Diatoma*）	+	
	短缝藻科（Eunotiaceae）	短缝藻属（*Eunoria*）	+	++
	曲壳藻科（Achnanthaceae）	曲壳藻属（*Achnanthes*）	+	+
		卵形藻属（*Cocconeis*）	+	
	舟形藻科（Naviculaceae）	舟形藻属（*Navicula*）	+++	+++
		羽纹藻属（*Pinnularia*）	+	++
		布纹藻属（*Gyrosigma*）	+	+
		双壁藻属（*Diploneis*）	+	
	桥弯藻科（Cymbellaceae）	桥弯藻属（*Cymbella*）	++	+++
	异极藻科（Gomphonemaceae）	异极藻属（*Gomphonema*）	+	++
	双菱藻科（Surirellaceae）	双菱藻属（*Surirella*）	+++	++
绿藻门（Chlorophyta）	卵囊藻科（Oocystaceae）	纤维藻属（*Ankistrodesmus*）	+	
	鼓藻科（Desmidiaceae）	棒形鼓藻属（*Gonatozygon*）	+	++
		宽带鼓藻属（*Pleurotaenium*）	+	
		转板藻属（*Mouotia*）	+	
		新月藻属（*Closterium*）	+	

（续）

门	科	属	枯水季	丰水季
蓝藻门（Cyanophyta）	色球藻科（Chroococcaceae）	色球藻属（*Chroococcus*）		＋
	颤藻科（Osicillatoriaceae）	颤藻属（*Oscillatoria*）	＋	
	念珠藻科（Nostocaceae）	鱼腥藻属（*Anabaena*）	＋	＋
		鞘丝藻属（*Lyngbya*）	＋	
		伪鱼腥藻属（*Pseudoanabaena*）	＋＋	＋
		束丝藻属（*Aphanizomenon*）	＋	

注：＋＋＋表示很多，＋＋表示较多，＋表示出现。

（二）时空变化特征

调查期间着生藻类密度的时空分布特征见图 3-4。着生藻类的年平均密度为 6.04×10^5 cells/m^2。枯水季着生藻类的密度为 3.05×10^5 cells/m^2，其中硅藻门占比 95.62％；丰水季着生藻类的密度为 9.04×10^5 cells/m^2，其中硅藻门占比 90.12％。在 3 个调查站位之间比较发现，5 号站位的密度最高，其次为 1 号站位，3 号站位则最低。

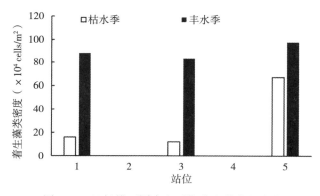

图 3-4　巴松错不同水文时期着生藻类的密度

五、饵料生物与环境因子的关系

着生藻类、浮游植物、浮游动物、底栖动物与巴松错不同水文时期的水体理化指标的 Pearson 相关性分析见表 3-8。从表 3-8 中数据可以看出，着生藻类密度与水体透明度呈显著的负相关关系（$P<0.05$），与水体中总氮的含量呈显著的正相关关系（$P<0.05$）；浮游植物的密度和生物量与水体深度及浮游植物的密度与水体中亚硝态氮含量呈极显著的负相关关系（$P<0.01$），浮游植物的生物量与水体中亚硝态氮含量和水体酸碱度分别呈负相关关系正相关关系（$P<0.05$）；浮游动物的密度和生物量与水体透明度呈显著的负相关关系（$P<0.05$），与水体中硝态氮的含量呈极显著的负相关关系（$P<0.01$），浮游动物的生物量与总氮呈显著的正相关关系（$P<0.05$）；底栖动物生物量与水体中叶绿素 a 的含量呈显著的正相关关系（$P<0.05$）。

表 3-8　饵料生物与环境因子的关系

参数		方法	深度 (m)	温度 (℃)	透明度 (m)	pH	溶解氧 (mg/L)	氨氮 (mg/L)	硝态氮 (mg/L)	亚硝态氮 (mg/L)	可溶性磷 (mg/L)	总氮 (mg/L)	总磷 (mg/L)	叶绿素 a (μg/L)
着生藻类	密度	Pearson	-0.276	-0.415	-0.823*	-0.514	0.609	0.415	-0.790	-0.617	0.292	0.856*	0.099	0.705
		Sig. (2-tailed)	0.597	0.413	0.044	0.297	0.200	0.413	0.061	0.192	0.575	0.030	0.853	0.118
浮游植物	密度	Pearson	-0.809**	-0.248	0.164	0.560	0.224	-0.398	-0.200	-0.841**	-0.541	0.020	-0.233	0.246
		Sig. (2-tailed)	0.005	0.49	0.650	0.093	0.533	0.254	0.579	0.002	0.107	0.955	0.518	0.494
	生物量	Pearson	-0.852**	-0.027	0.375	0.637*	0.027	-0.471	0.042	-0.758*	-0.556	-0.135	-0.175	0.059
		Sig. (2-tailed)	0.002	0.942	0.286	0.047	0.941	0.169	0.909	0.011	0.095	0.709	0.628	0.871
浮游动物	密度	Pearson	0.181	-0.357	-0.741*	-0.566	0.166	0.515	-0.865**	-0.061	0.418	0.617	0.202	0.492
		Sig. (2-tailed)	0.616	0.311	0.014	0.088	0.646	0.128	0.001	0.867	0.229	0.057	0.576	0.149
	生物量	Pearson	0.226	-0.511	-0.719*	-0.615	0.212	0.479	-0.811**	-0.003	0.361	0.709*	0.137	0.452
		Sig. (2-tailed)	0.530	0.131	0.019	0.058	0.557	0.162	0.004	0.994	0.306	0.022	0.707	0.190
底栖动物	密度	Pearson	0.282	-0.123	-0.284	-0.120	0.314	0.391	-0.063	0.001	0.065	0.178	-0.315	0.407
		Sig. (2-tailed)	0.430	0.736	0.427	0.742	0.376	0.263	0.863	0.998	0.859	0.623	0.376	0.243
	生物量	Pearson	0.081	-0.091	-0.393	-0.025	0.272	0.492	-0.248	-0.301	0.047	0.282	-0.415	0.679*
		Sig. (2-tailed)	0.825	0.803	0.262	0.946	0.446	0.149	0.490	0.398	0.897	0.430	0.233	0.031

注：** 表示在 0.01 水平（双侧）上显著相关，* 表示在 0.05 水平（双侧）上显著相关。

着生藻类和浮游植物作为水生生态系统的主要生产者，个体较小，受环境条件影响较严重（Moss，1990；Rodriguez and Pizarro，2015）。巴松错着生藻类和浮游植物密度与水体中硝态氮和亚硝态氮含量以及水深呈负相关，而与总氮呈正相关，受环境变化影响较显著。着生藻类是贫营养型湖泊的主要初级生产力，而浮游植物一般是中高营养型湖泊的主要初级生产力（Genkai-Kato et al.，2012；Jäger and Diehl，2014）。西藏巴松错为高原堰塞湖，水源主要来自高山冰雪融水，夏秋季气温高，水量大，水位高，而冬春季气温低，水量少，水位低，湖泊为贫营养型，水质较清澈，故着生藻类为巴松错的主要初级生产力，其密度和生物量均要显著高于浮游植物。此外，丰水季由于水量增加，河流中大量的营养物质汇入湖泊，导致湖泊透明度降低，进而引起浮游植物光合作用强度降低，浮游植物丰水季密度和生物量一般低于枯水季，而着生藻类一般采集于湖泊的浅水区或湖岸水域，水体营养盐浓度对其密度和生物量的影响显著，丰水季的密度要高于枯水季。

底栖动物是指生活史的全部或者大部分时间生活于水体底部的水生动物类群，是湖泊生态系统的重要组成部分，在湖泊水生生态系统的初级生产力转化、物质循环、能量流动以及环境监测等方面发挥着重要作用，对于湖泊水生生态系统结构的稳定具有重要意义（梁彦龄和王洪铸，1999；王宝强，2019；Wolfram，1996；Covich et al.，1999；Mazor，2009）。底栖动物是一类重要的碎屑分解者，能加速水体中枯枝落叶和动物尸体的降解（Cummins et al.，1973；Wallace and Webster，1996），它们也是重要的消费者，通过牧食藻类、浮游动物等来实现水体中的物质循环和能量流动（Lamberti et al.，1989）。因此，底栖动物在湖泊水生生态系统中扮演着非常重要的角色——初级消费者。丰水季节肢动物羽化，由水生阶段转变为陆生阶段，而枯水季节肢动物的卵大量孵化为营水生生活的幼虫，导致枯水季底栖动物密度和生物量要显著高于丰水季。此外，底栖动物年均密度和生物量均显著地高于浮游动物，并且底栖动物具有种类多、分布广泛、寿命较长、迁移能力弱、易于采集和分类鉴定等特点（王宝强，2019），因此第五章的研究选取底栖动物作为巴松错食物网的初级消费者。

青藏高原湖泊饵料生物的种类数、密度和生物量通常都大大低于其他地区的湖泊，仅与少数同属贫营养型的湖泊相近。本次调查共检出浮游植物 6 门 22 属，其密度和生物量分别为 4.66×10^3 cells/L 和 2.57×10^{-3} mg/L。秦洁等（2016）2014—2015 年对抚仙湖浮游植物结构进行了调查，结果表明，抚仙湖共鉴定出浮游植物 8 门 66 属，平均密度和生物量分别为 6.15×10^5 cells/L 和 0.455 mg/L；赵秀侠等（2021）报道，安徽省三座通江湖泊共鉴定出浮游植物 7 门 50 属，平均密度和生物量范围分别为 $2.37 \times 10^4 \sim 4.50 \times 10^5$ cells/L 和 $0.017 \sim 0.432$ mg/L。上述湖泊浮游植物的密度和生物量均比巴松错高出 1~2 个数量级。与浮游植物类似，巴松错本次调查所鉴定的浮游动物（胡艺等，2020；陈业等，2021）、底栖动物（刘乐丹等，2018；谢春刚等，2014）以及着生藻类（王丽卿等，2012；丁娜等，2015；钱奎梅等，2021）的种类数、密度和生物量均显著低于其他地区的湖库。高海拔地区意味着水温、水生植物覆盖率和有机质含量较低，使得高原湖泊水质清瘦，加之与世隔绝的地理特征限制了物种的发生和发展，导致高原湖泊水生生物多样性水平较低。

主要参考文献

安瑞志，潘成梅，塔巴拉珍，等，2021. 西藏巴松错浮游植物功能群垂直分布特征及其与环境因子的关系 [J]. 湖泊科学，33（1）：86-101.

陈业，彭凯，张庆吉，等，2021. 洪泽湖浮游动物时空分布特征及其驱动因素 [J]. 环境科学，42（8）：3753-3762.

戴纪翠，倪晋仁，2008. 底栖动物在水生生态系统健康评价中的作用分析 [J]. 生态环境，17（6）：2107-2111.

丁娜，徐东坡，刘凯，等，2015. 太湖五里湖着生藻类群落结构特征分析 [J]. 江西农业大学学报，37（2）：346-352.

龚迎春，冯伟松，余育和，等，2012. 西藏尼洋河流域浮游动物群落结构研究 [J]. 水生态学杂志，33（6）：35-43.

胡艺，李秋华，何应，等，2020. 贵州高原水库浮游动物分布特征及影响因子 [J]. 中国环境科学，40（1）：227-236.

李红，马燕武，祁峰，等，2014. 博斯腾湖浮游植物群落结构特征及其影响因子分析 [J]. 水生生物学报，38（5）：921-928.

梁彦龄，王洪铸，1999. 第十章 底栖动物 [M] //刘建康. 高级水生生物学. 北京：科学出版社.

刘乐丹，王先云，陈丽平，等，2018. 淀山湖底栖动物群落结构及其与沉积物碳氮磷的关系 [J]. 长江流域资源与环境，27（6）：1269-1278.

钱奎梅，刘霞，陈宇炜，2021. 鄱阳湖丰水期着生藻类群落空间分布特征 [J]. 湖泊科学，33（1）：102-110.

秦洁，吴献花，王泉，等. 2016. 抚仙湖浮游植物群落结构特征及多样性研究 [J]. 水生态学杂志，37（5）：15-22.

孙文秀，武道吉，裴海燕，等，2019. 山东某新建水库浮游藻类的群落结构特征及其环境驱动因子 [J]. 湖泊科学，31（3）：734-745.

田泽斌，刘德富，姚绪娇，等，2014. 水温分层对香溪河库湾浮游植物功能群季节演替的影响 [J]. 长江流域资源与环境，23（5）：700-707.

王宝强，2019. 西藏湖泊底栖动物分布格局 [D]. 武汉：中国科学院水生生物研究所.

王婕，李博，冯佳，等，2015. 西藏西南部湖泊浮游藻类区系及群落结构特征 [J]. 水生生物学报，39（4）：837-844.

王丽卿，张玮，范志锋，等，2012. 淀山湖生态示范区附着藻类季节动态变化研究 [J]. 农业环境科学学报，31（8）：1596-1602.

王晓清，曾亚英，吴含含，等，2013. 湘江干流浮游生物群落结构及水质状况分析 [J]. 水生生物学报，37（3）：488-494.

谢春刚，马燕武，陈朋，等，2014. 博斯腾湖底栖动物时空分布格局研究 [J]. 淡水渔业，44（1）：59-65.

谢从新，郭炎，李云峰，等，2021. 新疆跨境河流水生态环境与渔业资源调查：额尔齐斯河 [M]. 北京：

科学出版社.

赵秀侠, 卢文轩, 梁阳阳, 等, 2021. 安徽三座通江湖泊秋季浮游植物群落结构特征及其影响因子 [J]. 生态学杂志, 40 (1): 67-75.

Covich A P, Palmer M A, Crowl T A, 1999. The role of benthic invertebrate species in freshwater ecosystems: zoobenthic species influence energy flows and nutrient cycling [J]. Bioscience, 49 (2): 119-127.

Cummins K W, 1973. Trophic relations of aquatic insects [J]. Annual Review of Entomology, 18 (1): 183-206.

Genkai-Kato M, Vadeboncoeur Y, Liboriussen L, et al., 2012. Benthic-plankton coupling, regime shifts, and whole-lake primary production in shallow lakes [J]. Ecology, 93 (3): 619-631.

Jäger C G, Diehl S, 2014. Resource competition across habitat boundaries: asymmetric interactions between benthic and pelagic producers [J]. Ecological Monographs, 84 (2): 287-302.

Lamberti G A, Gregory S V, Ashkenas L R, et al., 1989. Productive capacity of periphyton as a determinant of plant-herbivore interactions in streams [J]. Ecology, 70 (6): 1840-1856.

Mazor R D, Purcell A H, Resh V H, 2009. Long-term variability in bioassessments: a twenty-year study from two northern California streams [J]. Environmental Management, 43 (6): 1269-1286.

Moss B, 1990. Engineering and biological approaches to the restoration from eutrophication of shallow lakes in which aquatic plant communities are important components [C] //Gulati R D, Lammens E H R R, Meijer M, et al. Biomanipulation Too of Water Management. Berlin: Springer-Nature: 367-377.

Rodriguez P, Pizarro H, 2015. Phytoplankton and periphyton production and its relation to temperature in a humic lagoon [J]. Limnologica, 55: 9-12.

Wallace J B, Webster J R, 1996. The role of macroinvertebrates in stream ecosystem function [J]. Annual Review of Entomology, 41 (1): 115-139.

Wolfram G, 1996. Distribution and production of chironomids (Diptera: Chironomidae) in a shallow, alkaline lake (Neusiedler See, Austria) [J]. Hydrobiologia, 318 (1): 103-115.

第四章

巴松错主要裂腹鱼类
生物学

裂腹鱼亚科是鲤科鱼类中唯一分布于青藏高原及其周边地区的一个自然类群，其与条鳅亚科（高原鳅属）鱼类一起构成了青藏高原鱼类区系的主体（武云飞和吴翠珍，1992；陈毅峰和曹文宣，2000）。自第三纪末期开始的青藏高原的急剧隆升引起环境条件发生显著的改变，使原来生活于本地区内、适应温暖气候和湖泊静水环境的鲃亚科中的某一类产生了相应的变化，随着地理或生境上的隔绝，逐步演变为适应寒冷、高海拔以及急流等严酷环境的原始裂腹鱼类，并随着高原的进一步隆升而演化成现今的裂腹鱼类（曹文宣等，1981；陈宜瑜等，1996）。独特的水域生态环境必然导致栖息于此的裂腹鱼类表现出与其他地区鱼类不同的生物学特点。本章研究巴松错3种裂腹鱼类的年龄结构、生长特性、繁殖特征以及食物组成等内容，为高原鱼类资源的合理保护和有效利用提供科学依据。

第一节　渔获物组成

一、渔获物体长和体重分布

　　采集的525尾异齿裂腹鱼，体长范围为252～502 mm，体重范围为280.9～2 627.4 g，成熟系数范围为0.028％～13.5％；采集的75尾拉萨裸裂尻鱼，体长范围为37～372 mm，体重范围为0.4～552.6 g，成熟系数范围为0.15％～14.5％；采集的114尾巨须裂腹鱼，体长范围为252～472 mm，体重范围为211.8～1 294.2 g，成熟系数范围为0.076％～13.2％（图4-1、图4-2、图4-3）。

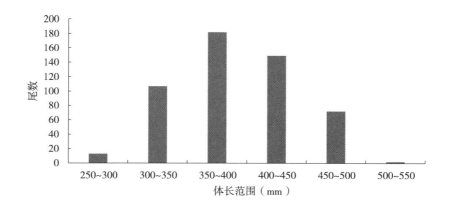

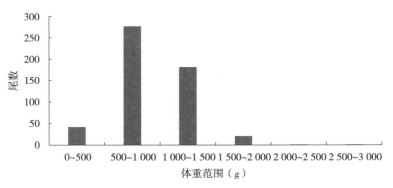

图 4-1　异齿裂腹鱼的体长和体重组成

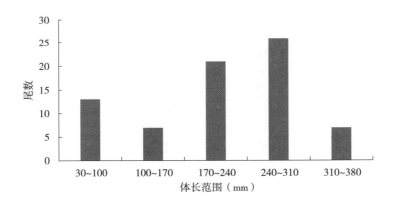

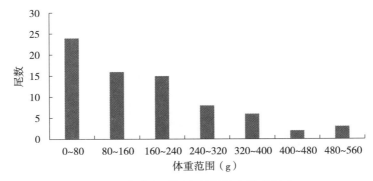

图 4-2　拉萨裸裂尻鱼的体长和体重组成

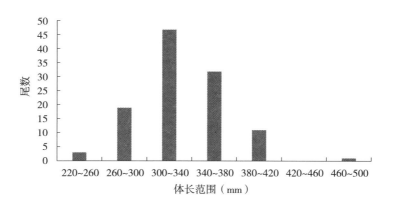

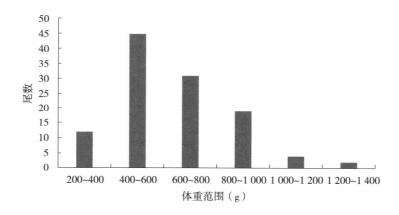

图 4-3　巨须裂腹鱼的体长和体重组成

二、渔获物年龄结构

（一）耳石年轮特征

　　三种裂腹鱼类的耳石均共有 3 对，分别为矢耳石、星耳石和微耳石（图 4-4）。矢耳石细长，很薄，较小，较脆，容易断裂；星耳石为星状，轮纹不明显，因此，选取轮纹最清晰的微耳石作为年龄鉴定的材料。裂腹鱼类的微耳石一般为不规则的椭圆形。在透射光下，耳石呈现出典型硬骨鱼类的年轮特征——宽带和窄带（或者明带和暗带）相间，分别对应快速生长期和慢速生长期（图 4-5，彩图 2）。

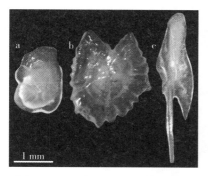

图4-4 异齿裂腹鱼（体长193 mm）3对耳石形态
a. 微耳石 b. 星耳石 c. 矢耳石

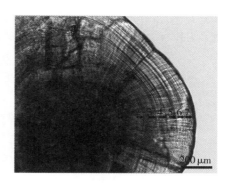

图4-5 异齿裂腹鱼微耳石的年轮特征（箭头示年轮）

（二）渔获物年龄组成

异齿裂腹鱼渔获物的最小年龄3龄，最大年龄43龄，大于30龄的个体较少，群体平均年龄18.45龄；拉萨裸裂尻鱼渔获物的最小年龄3龄，最大年龄26龄，大于10龄的个体较少，群体平均年龄7.09龄；巨须裂腹鱼渔获物的最小年龄4龄，最大年龄36龄，大于30龄的个体较少，群体平均年龄16.04龄。

渔获物结构在一定程度上反映了鱼类种群的结构。了解渔获物的结构，有助于分析资源利用的现状及其合理性，为调整管理政策提供依据。3种鱼类渔获物年龄结构复杂，异齿裂腹鱼最大年龄高达43龄，巨须裂腹鱼最大年龄为36龄，年龄结构相对简单的拉萨裸裂尻鱼最大年龄为26龄。巴松错裂腹鱼类的最大年龄除异齿裂腹鱼外，均比雅鲁藏布江干流的要高（谢从新等，2019）。巴松错地处国家级水产种质资源保护区的核心区域，栖息于此的裂腹鱼类几乎没有遭受任何捕捞活动，其种群资源的开发利用程度较低。此外，从年龄结构来看，3种裂腹鱼类的生活史对策均属于K-对策者，K-对策者通常存活率较高，个体较大，寿命较长，种群一旦遭受过度破坏，恢复能力差，还有可能灭绝。尽管巴松错裂腹鱼类资源处于较低的开发水平，但巴松错为国家5A级景区，应预防景区旅游资源开发活动对裂腹鱼类资源的长期不利影响。

第二节 生长特性

一、体重与体长关系

（一）异齿裂腹鱼

将异齿裂腹鱼分雌鱼和雄鱼拟合体重与体长关系（图4-6），关系式如下。

雌性：$BW = 1.474 \times 10^{-5} SL^{2.999}$ $(R^2 = 0.894)$

雄性：$BW = 3.128 \times 10^{-5} SL^{2.867}$ $(R^2 = 0.923)$

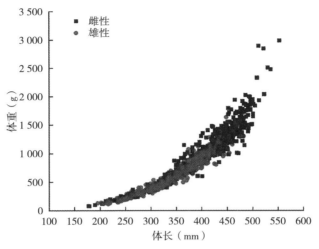

图 4 - 6　异齿裂腹鱼体重-体长关系

协方差分析（ANCOVA）表明，异齿裂腹鱼雌性和雄性体重与体长方程存在显著性差异（ANCOVA，$P < 0.001$）。估算的雌性异速生长指数（$b = 2.999$）与理论值（$b = 3.000$）之间不存在显著性差异（t-test，$P > 0.05$），雄性异速生长指数（$b = 2.867$）与理论值（$b = 3.000$）之间具有显著性差异（t-test，$P < 0.01$）。因此，异齿裂腹鱼雌性群体为匀速生长，而雄性群体为异速生长。

（二）拉萨裸裂尻鱼

将拉萨裸裂尻鱼分雌鱼和雄鱼拟合体重与体长关系（图 4 - 7），关系式如下。

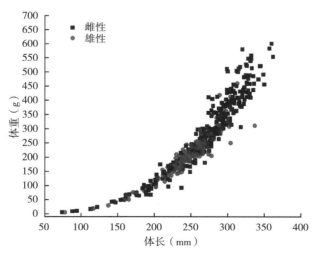

图 4 - 7　拉萨裸裂尻鱼体重-体长关系

雌性：$BW=1.234 \times 10^{-5} SL^{3.012}$ $(R^2=0.978)$

雄性：$BW=1.583 \times 10^{-5} SL^{2.965}$ $(R^2=0.982)$

协方差分析（ANCOVA）表明，拉萨裸裂尻鱼雌性和雄性体重与体长方程存在显著性差异（ANCOVA，$P<0.001$）。估算的雌性异速生长指数（$b=3.012$）与理论值（$b=3.000$）之间不存在显著性差异（t-test，$P>0.05$），雄性异速生长指数（$b=2.965$）与理论值（$b=3.000$）之间同样不具有显著性差异（t-test，$P>0.05$）。因此，拉萨裸裂尻鱼雌性和雄性群体均为匀速生长。

（三）巨须裂腹鱼

将巨须裂腹鱼分雌鱼和雄鱼拟合体重与体长关系（图 4-8），关系式如下。

雌性：$BW=2.389 \times 10^{-5} SL^{2.934}$ $(R^2=0.957)$

雄性：$BW=2.166 \times 10^{-5} SL^{2.945}$ $(R^2=0.938)$

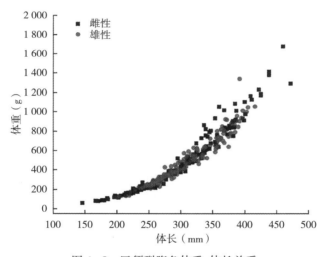

图 4-8 巨须裂腹鱼体重-体长关系

协方差分析（ANCOVA）表明，巨须裂腹鱼雌性和雄性体重与体长方程存在显著性差异（ANCOVA，$P<0.001$）。估算的雌性异速生长指数（$b=2.934$）与理论值（$b=3.000$）之间存在显著性差异（t-test，$P<0.01$），雄性异速生长指数（$b=2.945$）与理论值（$b=3.000$）之间同样具有显著性差异（t-test，$P<0.05$）。因此，巨须裂腹鱼雌性和雄性群体均为异速生长。

除体型特殊的鱼类外，鱼类体重与体长关系式中的 b 通常为 $2.5\sim4.0$（殷名称，1995）。如鱼的体长、体高和体宽为等速生长，比重不变，则体重与体长关系式中的 b 等于或接近 3。但即使是同一种鱼，生活环境不同，发育阶段不同，b 都可能不一样（谢从新，2010）。异齿裂腹鱼雄性群体和巨须裂腹鱼关系式中的 b 与 3 存在显著性差异，说明这些群体为异速生长鱼类；而异齿裂腹鱼雌性群体和拉萨裸裂尻鱼关系式中的 b 与 3 无显著性差异，说明这些群体为等速生长。这与栖息于雅鲁藏布江干流中的裂腹鱼类的情况类似（谢从新等，2019）。

二、生长方程

（一）异齿裂腹鱼

根据各龄组实测体长数据，采用 von Bertalanffy 生长方程描述异齿裂腹鱼生长特性（图 4-9）。通过体长生长方程以及体重与体长关系式，可以获得体重生长方程。异齿裂腹鱼雌鱼和雄鱼的体长和体重生长方程分别如下。

体长生长方程：

雌性群体 $L_t = 556.2\left[1-\mathrm{e}^{-0.109(t-0.202)}\right]$

雄性群体 $L_t = 482.6\left[1-\mathrm{e}^{-0.138(t-0.234)}\right]$

体重生长方程：

雌性群体 $W_t = 2\,520.3\left[1-\mathrm{e}^{-0.109(t-0.202)}\right]^{2.999}$

雄性群体 $W_t = 1\,545.7\left[1-\mathrm{e}^{-0.138(t-0.234)}\right]^{2.867}$

雌鱼和雄鱼的表观生长指数（∅）分别为 4.527 9 和 4.369 9。

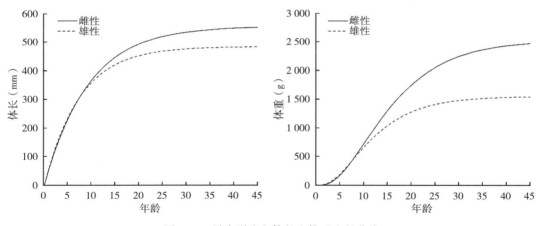

图 4-9　异齿裂腹鱼体长和体重生长曲线

（二）拉萨裸裂尻鱼

根据各龄组实测体长数据，采用 von Bertalanffy 生长方程描述拉萨裸裂尻鱼生长特性（图 4-10）。通过体长生长方程以及体重与体长关系式，可以获得体重生长方程。拉萨裸裂尻鱼雌鱼和雄鱼的体长和体重生长方程分别如下。

体长生长方程：

雌性群体 $L_t = 422.4\left[1-\mathrm{e}^{-0.204(t-0.125)}\right]$

雄性群体 $L_t = 330.2\left[1-\mathrm{e}^{-0.305(t-0.621)}\right]$

体重生长方程：

雌性群体 $W_t = 1\,000.0\,[1-e^{-0.204(t-0.125)}]^{3.012}$

雄性群体 $W_t = 465.2\,[1-e^{-0.305(t-0.621)}]^{2.965}$

雌鱼和雄鱼的表观生长指数（$\varnothing$）分别为 4.561 1 和 4.521 9。

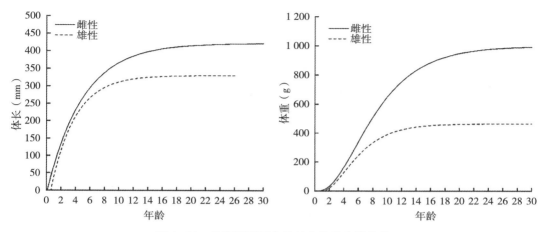

图 4-10　拉萨裸裂尻鱼体长和体重生长曲线

（三）巨须裂腹鱼

根据各龄组实测体长数据，采用 von Bertalanffy 生长方程描述巨须裂腹鱼生长特性（图 4-11）。通过体长生长方程以及体重与体长关系式，可以获得体重生长方程。巨须裂腹鱼雌鱼和雄鱼的体长和体重生长方程分别如下。

体长生长方程：

雌性群体 $L_t = 493.5\,[1-e^{-0.117(t+0.124)}]$

雄性群体 $L_t = 425.2\,[1-e^{-0.155(t+0.231)}]$

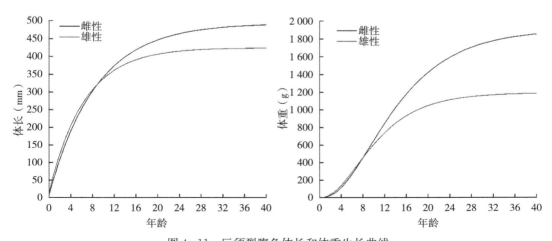

图 4-11　巨须裂腹鱼体长和体重生长曲线

体重生长方程：

雌性群体 $W_t = 1\,906.9\left[1 - e^{-0.117(t+0.124)}\right]^{2.934}$

雄性群体 $W_t = 1\,193.6\left[1 - e^{-0.155(t+0.231)}\right]^{2.945}$

雌鱼和雄鱼的表观生长指数（Ø）分别为 4.454 8 和 4.447 5。

鱼类的生长通常受到性别、成熟水平、食物资源、个体行为以及环境条件等因素的影响（Beamish and McFarlane，1983）。3 种裂腹鱼的表观生长指数（Ø）在 4.369 9～4.561 1，与栖息于低海拔地区的其他鲤科鱼类相比（高志鹏，2008；张小谷等，2008；丁红霞等，2009；吕大伟等，2018；田波等，2021；谢从新等，2021），它们的生长速度相对较低；反之，与栖息于高海拔湖泊的其他裂腹鱼类相比（陈毅峰等，2002；杨军山等，2002；刘飞等，2019；谭博真等，2020），它们的生长速度相对较高。生长速度的差异可能与水温和食物资源等环境条件有关，低海拔地区水温较高，食物资源较为丰富，鱼类在生长过程中能够摄取较多能量，加快其生长速率（Yamahira and Conover，2002；Angilletta et al.，2004）。

评估鱼类种群对高死亡率的潜在敏感性时，生长系数（k）是一个重要的参考指标（Musick，1999）。与栖息于雅鲁藏布江干流中的裂腹鱼类类似，估算的巴松错 3 种裂腹鱼类的生长系数（k）也处于 0.1/a 附近，表明它们生长缓慢（谢从新等，2019；Branstetter，1987）。生长缓慢和寿命长的鱼类对环境的变化较为敏感，一旦其种群资源因不合理的开发利用而崩溃，其种群资源的更新周期和恢复速度比预期的要慢。因此，对其种群应特别注意避免过度利用。

三、生长速度和加速度

（一）异齿裂腹鱼

将异齿裂腹鱼雌鱼和雄鱼的体长、体重生长方程分别通过一阶求导和二阶求导，获得体长、体重生长的速度和加速度方程。

雌鱼：

$dL/dt = 60.63e^{-0.109(t-0.202)}$

$dL^2/dt^2 = -6.61e^{-0.109(t-0.202)}$

$dW/dt = 823.85\,e^{-0.109(t-0.202)}\left[1 - e^{-0.109(t-0.202)}\right]^{1.999}$

$dW^2/dt^2 = 89.80\,e^{-0.109(t-0.202)}\left[1 - e^{-0.109(t-0.202)}\right]^{0.999}\left[2.999\,e^{-0.109(t-0.202)} - 1\right]$

雄鱼：

$dL/dt = 66.60e^{-0.138(t-0.234)}$

$dL^2/dt^2 = -9.19\,e^{-0.138(t-0.234)}$

$dW/dt = 611.53\,e^{-0.138(t-0.234)}\left[1 - e^{-0.138(t-0.234)}\right]^{1.867}$

$dW^2/dt^2 = 84.39\,e^{-0.138(t-0.234)}\left[1 - e^{-0.138(t-0.234)}\right]^{0.867}\left[2.867\,e^{-0.138(t-0.234)} - 1\right]$

图 4-12 显示：异齿裂腹鱼的体长生长没有拐点，体长生长速度随年龄增长逐渐下

降，最终趋于 0，体长生长加速度则随年龄的增长逐渐变缓，最终趋于 0，且一直小于 0，说明异齿裂腹鱼体长生长速率在一开始时最高，随年龄增长逐渐下降，当达到一定年龄之后趋近于停止生长。体重生长速度曲线先上升后下降，具有生长拐点，雌鱼的拐点年龄（t_i）为 10.28 龄，对应体长和体重分别为 370.8 mm 和 747.0 g，雄鱼的拐点年龄（t_i）为 8.19 龄，拐点处对应体长和体重分别为 321.7 mm 和 483.3 g。

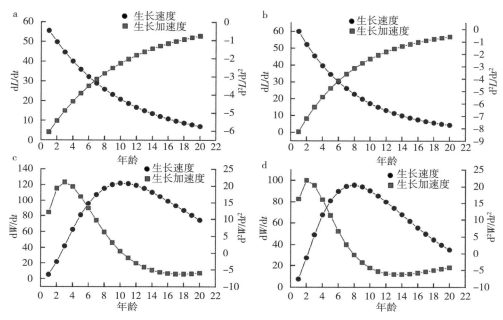

图 4-12　异齿裂腹鱼雌鱼（a、c）和雄鱼（b、d）体长、体重生长速度和生长加速度

（二）拉萨裸裂尻鱼

将拉萨裸裂尻鱼雌鱼和雄鱼的体长、体重生长方程分别通过一阶求导和二阶求导，获得体长、体重生长的速度和加速度方程。

雌鱼：

$$dL/dt = 86.17\, e^{-0.204(t-0.125)}$$

$$dL^2/dt^2 = -17.58\, e^{-0.204(t-0.125)}$$

$$dW/dt = 614.44\, e^{-0.204(t-0.125)} \left[1 - e^{-0.204(t-0.125)}\right]^{2.012}$$

$$dW^2/dt^2 = 125.35\, e^{-0.204(t-0.125)} \left[1 - e^{-0.204(t-0.125)}\right]^{1.012} \left[3.012\, e^{-0.204(t-0.125)} - 1\right]$$

雄鱼：

$$dL/dt = 100.71\, e^{-0.305(t-0.621)}$$

$$dL^2/dt^2 = -30.72\, e^{-0.305(t-0.621)}$$

$$dW/dt = 420.71\, e^{-0.305(t-0.621)} \left[1 - e^{-0.305(t-0.621)}\right]^{1.965}$$

$$dW^2/dt^2 = 128.32\, e^{-0.305(t-0.621)} \left[1 - e^{-0.305(t-0.621)}\right]^{0.965} \left[2.965\, e^{-0.305(t-0.621)} - 1\right]$$

图 4-13 显示：拉萨裸裂尻鱼的体长生长没有拐点，体长生长速度随年龄增长逐渐下

降，最终趋于 0，体长生长加速度则随年龄的增长逐渐变缓，最终趋于 0，且一直小于 0，说明拉萨裸裂尻鱼体长生长速率在一开始时最高，随年龄增长逐渐下降，当达到一定年龄之后趋近于停止生长。体重生长速度曲线先上升后下降，具有生长拐点，雌鱼的拐点年龄（t_i）为 5.51 龄，对应体长和体重分别为 281.6 mm 和 294.9 g，雄鱼的拐点年龄（t_i）为 4.22 龄，拐点处对应体长和体重分别为 220.1 mm 和 139.8 g。

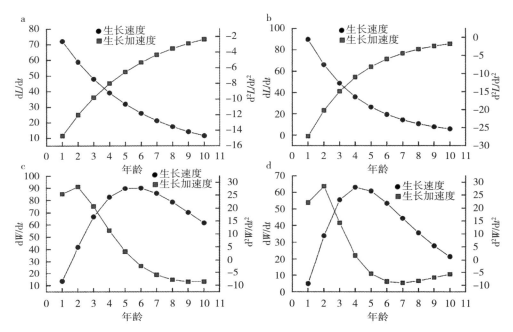

图 4-13 拉萨裸裂尻鱼雌鱼（a、c）和雄鱼（b、d）体长、体重生长速度和生长加速度

（三）巨须裂腹鱼

将巨须裂腹鱼雌鱼和雄鱼的体长、体重生长方程分别通过一阶求导和二阶求导，获得体长、体重生长的速度和加速度方程。

雌鱼：

$$dL/dt = 57.74\, e^{-0.117(t+0.124)}$$

$$dL^2/dt^2 = -6.76\, e^{-0.117(t+0.124)}$$

$$dW/dt = 654.59\, e^{-0.117(t+0.124)}\left[1-e^{-0.117(t+0.124)}\right]^{1.934}$$

$$dW^2/dt^2 = 76.59\, e^{-0.117(t+0.124)}\left[1-e^{-0.117(t+0.124)}\right]^{0.934}\left[2.934\, e^{-0.117(t+0.124)}-1\right]$$

雄鱼：

$$dL/dt = 65.91\, e^{-0.155(t+0.231)}$$

$$dL^2/dt^2 = -10.22\, e^{-0.155(t+0.231)}$$

$$dW/dt = 544.86\, e^{-0.155(t+0.231)}\left[1-e^{-0.155(t+0.231)}\right]^{1.945}$$

$$dW^2/dt^2 = 84.45\, e^{-0.155(t+0.231)}\left[1-e^{-0.155(t+0.231)}\right]^{0.945}\left[2.945\, e^{-0.155(t+0.231)}-1\right]$$

图 4-14 显示：巨须裂腹鱼的体长生长没有拐点，体长生长速度随年龄增长逐渐下降，最终趋于 0，体长生长加速度则随年龄的增长逐渐变缓，最终趋于 0，且一直小于 0，说明巨须裂腹鱼体长生长速率在一开始时最高，随年龄增长逐渐下降，当达到一定年龄之后趋近于停止生长。体重生长速度曲线先上升后下降，具有生长拐点，雌鱼的拐点年龄（t_i）为 9.27 龄，对应体长和体重分别为 329.0 mm 和 580.3 g，雄鱼的拐点年龄（t_i）为 6.86 龄，拐点处对应体长和体重分别为 283.5 mm 和 361.6 g。

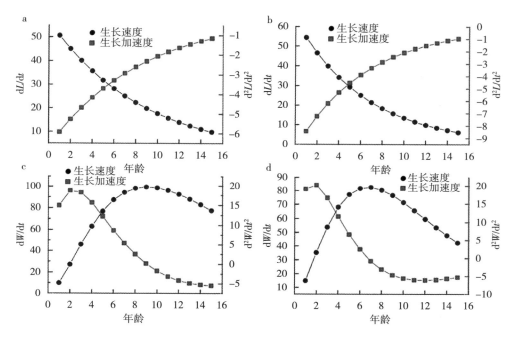

图 4-14　巨须裂腹鱼雌鱼（a、c）和雄鱼（b、d）体长、体重生长速度和生长加速度

第三节　繁殖特性

一、性成熟时间

渔获物中，异齿裂腹鱼雌性和雄性最小性成熟年龄均为 7 龄，拉萨裸裂尻鱼雌性和雄性最小性成熟年龄分别为 6 龄和 4 龄，巨须裂腹鱼最小性成熟年龄均为 5 龄。谢从新等（2019）报道，栖息于雅鲁藏布江干流中的异齿裂腹鱼雌性和雄性最小性成熟年龄分别为 7 龄和 5 龄，拉萨裸裂尻鱼雌性和雄性最小性成熟年龄分别为 5 龄和 3 龄，巨须裂腹鱼雌性和雄性最小性成熟年龄分别为 6 龄和 4 龄。由此可见，巴松错裂腹鱼类的性成熟时间与雅鲁藏布江干流水域的裂腹鱼类具有差异性，这可能与其栖息水体环境的差异性相关。鱼类的性成熟时间通过影响繁殖持续的时间和繁殖群体的数量而决定其种群的繁殖潜力

（Sinovčić et al.，2008）。环境因素通过改变鱼类的生长率和死亡率间接影响其初次性成熟时间，鱼类的生长率通常与其初次性成熟时间呈负相关（Wootton，1990）。巴松错裂腹鱼类雌鱼和雄鱼初次性成熟年龄分别为5～7龄和4～7龄，表明裂腹鱼类是性成熟较晚的鱼类。严峻的高原水域环境（低温、摄食期短、越冬期长）使得生活于此的裂腹鱼类的生长缓慢，从而导致其初次性成熟较晚。

二、产卵群体

鱼类产卵群体中初次性成熟产卵的所有个体，称为补充群体；重复产卵的所有个体称为剩余群体；种群中未达性成熟的个体，属于补充群体。根据鱼类生殖群体的组成结构等特征，可将鱼类的生殖群体分为3种类型：第一类型，生殖群体只有补充群体，没有剩余群体；第二类型，剩余群体少于或接近补充群体，仍以补充群体为主；第三类型，剩余群体数量超过补充群体，群体的年龄组成较复杂。裂腹鱼类的繁殖群体年龄组成较复杂，剩余群体数量超过补充群体，属于第三类型。这类鱼的资源遭到破坏后，因为群体补充能力差，资源不易恢复。对这类鱼的资源保护要特别重视（谢从新等，2019）。

三、繁殖力

繁殖力体现了物种或种群对环境变动的适应特征。掌握鱼类繁殖力的变动及其调节规律，是阐明鱼类种群补充过程的重要基础。一般应根据它们的成熟年龄、性周期、怀卵量、有效产卵量和鱼苗成活率等因素来综合评价鱼类繁殖力，但有效产卵量和鱼苗成活率等指标的确切数据较难获取，因此，大多数采用雌鱼的怀卵量表示繁殖力（谢从新等，2019）。

异齿裂腹鱼雌性和雄性的比值为4.7∶1，绝对繁殖力范围为7 235～42 358粒，相对繁殖力范围为8.0～28.1粒/g（以体重计，下同）；拉萨裸裂尻鱼雌性和雄性的比值为3.5∶1，绝对繁殖力范围为5 435～45 689粒，相对繁殖力范围为24.5～112.3粒/g；巨须裂腹鱼雌性和雄性的比值为1∶1.2，绝对繁殖力范围为8 796～36 897粒，相对繁殖力范围为9.5～24.1粒/g。这与栖息于雅鲁藏布江干流的裂腹鱼类的繁殖力结果相似，通过与其他淡水鲤科鱼类的相对繁殖力比较发现，栖息于雅鲁藏布江流域的裂腹鱼类的繁殖力相对较小，繁殖潜力较低（谢从新等，2019）。

四、繁殖活动

3种裂腹鱼类具有短距离产卵洄游行为，每年的产卵季节前，从越冬场（图4-15a，彩图3a）向入湖支流的产卵场聚集，准备繁殖活动。每年的立春过后，异齿裂腹鱼开始在产卵场聚集，准备繁殖活动，每年的3月至4月上中旬为其大规模产卵时期，产卵期间生活在浅水中，一般是0.3～1.5 m，水质清澈，底质多是鹅卵石，淤泥较少，且河流的周围多是鹅卵石和石块，产出的卵子鲜黄色，具微黏性，卵产出受精后吸水膨胀，沉落于鹅卵石缝中发育孵化（图 4-16a，彩图 4a）。每年的 3 月为拉萨裸裂尻鱼产卵高峰期，产卵期间栖息于浅水层，水质清澈，底质多为鹅卵石，泥沙较少，产卵水域岸边多为石块和鹅卵石，产沉性卵，呈黄色，卵子受精后吸水膨胀，在石缝中孵化（图 4-16b，彩图 4b）。1 月，巨须裂腹鱼开始在产卵场聚集，准备繁殖活动，2 月至 3 月上中旬为其大规模产卵时期，产卵期间生活在深水层，一般是 3～5 m，产卵水体为旋水，底质多为石块，产沉性卵，呈黄色，卵子受精后吸水膨胀，在石缝中孵化（图 4-16c，彩图 4c）。孵化出膜的幼鱼待到具备游泳能力后，又洄游至巴松错的 1 号和 3 号站位附近水域，该水域分别为巴河和罗杰曲的入湖口，水位较浅，底质主要为砾石，且叶绿素 a 的含量相对较高，具有丰富的饵料生物以满足幼鱼生长发育的需求（图 4-15b，彩图 3b）。中秋节前后，裂腹鱼类开始转入深水层，越冬场（图 4-15a，彩图 3a）位于巴松错北岸 2 号和 4 号站位附近水域，该水域水深常年在 80 m 以上，有利于鱼类的越冬。由此可见，巴松错裂腹鱼类的越冬场、产卵场和肥育场具有显著的种间差异性，在食物资源极其匮乏的高原水域环境中，这种差异性能够降低裂腹鱼类的种间竞争，是对严酷的高原水域环境的一种适应性表现。

图 4-15 巴松错土著鱼类越冬场（a）和索饵场（b）

图 4-16 巴松错裂腹鱼类产卵场

a. 异齿裂腹鱼产卵场　b. 拉萨裸裂尻鱼产卵场　c. 巨须裂腹鱼产卵场

第四节　食物组成

一、异齿裂腹鱼

异齿裂腹鱼食物组成分析的样本为 41 尾，共检出藻类 4 门 26 属，其中硅藻门 19 属，绿藻门 3 属，蓝藻门 3 属，裸藻门 1 属；原生动物门 2 属；还有一些水生昆虫；此外，在消化道中还发现少量的水生植物腐烂碎屑和有机碎屑以及大量的泥沙，这些成分可能是在摄取食物时带入的（表 4-1，彩图 5）。基于相对重要性指数（IRI）数据，藻类是异齿裂腹鱼最重要的饵料（IRI％＝95.67％），其次是水生植物（IRI％＝4.26％）。在已鉴定的藻类中，硅藻是异齿裂腹鱼最重要的饵料（IRI％＝95.24％）。在已鉴定的水生昆虫中，异齿裂腹鱼主要摄食摇蚊幼虫（IRI％＝0.03％）。基于出现率百分比（O％）数据，异齿裂腹鱼经常摄食藻类（O％＝97.56％），其次捕食水生昆虫（O％＝9.76％）。在已鉴定的藻类中，硅藻出现频率最高（O％＝100.00％）。在已鉴定的水生昆虫中，摇蚊幼虫出现频率最高（O％＝9.76％）。而基于个数百分比（N％）数据，藻类是异齿裂腹鱼最主要的饵料（N％＝99.99％）。在已鉴定的藻类中，硅藻的丰度最高（N％＝98.07％）。因此，异齿裂腹鱼是以藻类为主要食物，并少量兼食水生昆虫的大型植食性鱼类。

表 4-1　异齿裂腹鱼的食物组成

食物类别	O% (%)	N% (%)	W% (%)	IRI	IRI% (%)
藻类（algae）					
硅藻门（Bacillariophyta）					
桥弯藻属（*Cymbella*）	97.56	29.63	8.36	3 706.10	32.87
菱形藻属（*Nitzschia*）	53.66	7.91	1.12	484.30	4.30
脆杆藻属（*Fragilaria*）	60.98	10.56	0.15	652.71	5.79
小环藻属（*Cyclotella*）	85.37	6.48	0.64	607.92	5.39

（续）

食物类别	O%（%）	N%（%）	W%（%）	IRI	IRI%（%）
舟形藻属（*Navicula*）	95.12	15.61	6.60	2 112.91	18.74
双菱藻属（*Surirella*）	17.07	0.24	0.07	5.21	0.05
等片藻属（*Diatoma*）	73.17	5.26	2.23	548.20	4.86
异极藻属（*Gomphonema*）	51.22	2.49	0.35	145.34	1.29
羽纹藻属（*Pinnularia*）	65.85	6.80	3.84	700.33	6.21
针杆藻属（*Synedra*）	90.24	10.24	8.66	1 705.78	15.13
双眉藻属（*Amphora*）	24.39	0.50	0.11	14.85	0.13
卵形藻属（*Cocconeis*）	19.51	0.37	0.03	7.84	0.07
双壁藻属（*Diploneis*）	26.83	1.03	0.22	33.54	0.30
直链藻属（*Melosira*）	14.63	0.32	0.13	6.61	0.06
肋缝藻属（*Frustulum*）	9.76	0.13	0.01	1.38	0.01
短缝藻属（*Eunoria*）	7.32	0.25	0.22	3.57	0.03
布纹藻属（*Gyrosigma*）	4.88	0.05	0.01	0.33	＋
辐节藻属（*Stauroneis*）	4.88	0.16	0.03	0.94	0.01
曲壳藻属（*Achnanthes*）	2.44	0.03	0.01	0.08	＋
绿藻门（Chlorophyta）					
栅藻属（*Scenedesmus*）	29.27	1.11	0.03	33.44	0.30
十字藻属（*Crucigenia*）	7.32	0.11	＋	0.79	0.01
鼓藻属（*Cosmartium*）	19.51	0.29	0.16	8.88	0.08
裸藻门（Euglenophyta）					
裸藻属（*Euglena*）	7.32	0.21	0.24	3.30	0.03
蓝藻门（Cyanophyta）					
鱼腥藻属（*Anabaena*）	2.44	0.03	＋	0.06	＋
颤藻属（*Oscillatoria*）	2.44	0.03	＋	0.07	＋
平裂藻属（*Merismopedia*）	12.20	0.15	＋	1.94	0.02
底栖动物（benthic invertebrate）					
摇蚊幼虫（chironomid larvae）	9.76	＋	0.34	3.30	0.03
摇蚊蛹（chironomid pupae）	2.44	＋	0.22	0.54	＋
未辨水生昆虫 （unidentified aquatic insect）	7.32	＋	0.59	4.34	0.04
其他（other）					
水生植物（hydrophyte）	7.32	＋	65.62	480.15	4.26

注：＋表示该饵料所占的百分比＜0.01%。

二、拉萨裸裂尻鱼

从 14 尾拉萨裸裂尻鱼肠道中共检出藻类 3 门 17 属，其中蓝藻门 2 属，硅藻门 13 属，绿藻门 2 属；小型无脊椎动物包括原生动物门 2 属；此外，在拉萨裸裂尻鱼肠道中还发现有机碎屑以及大量的泥沙（表 4 - 2，彩图 5）。基于相对重要指数（IRI）数据，藻类是拉萨裸裂尻鱼最重要的饵料（$IRI\% = 99.48\%$），其次是水生昆虫（$IRI\% = 0.52\%$）。在已鉴定的藻类中，硅藻是拉萨裸裂尻鱼最重要的饵料（$IRI\% = 99.03\%$）。在已鉴定的水生昆虫中，拉萨裸裂尻鱼主要摄食摇蚊幼虫（$IRI\% = 0.38\%$）。基于出现率百分比（$O\%$）数据，拉萨裸裂尻鱼经常捕食藻类（$O\% = 100\%$），其次捕食水生昆虫（$O\% = 14.29\%$）。在已鉴定的藻类中，硅藻出现频率最高（$O\% = 100\%$），其次为蓝藻（$O\% = 28.57\%$）。基于重量百分比（$W\%$）数据，藻类是拉萨裸裂尻鱼最重要的饵料（$W\% = 94.21\%$），其次为水生昆虫（$W\% = 5.79\%$）。在已鉴定的藻类中，硅藻所占比重最高（$W\% = 93.29\%$），其次为绿藻（$W\% = 0.65\%$）。而基于个数百分比（$N\%$）数据，藻类是拉萨裸裂尻鱼最主要的饵料（$N\% = 99.99\%$）。在已鉴定的藻类中，硅藻丰度最高（$N\% = 97.90\%$），其次为绿藻（$N\% = 1.20\%$）。因此，拉萨裸裂尻鱼是以藻类为主要饵料，并兼食水生昆虫的大型植食性鱼类。

表 4 - 2　拉萨裸裂尻鱼的食物组成

食物类别	$O\%$（%）	$N\%$（%）	$W\%$（%）	IRI	$IRI\%$（%）
藻类（algae）					
硅藻门（Bacillariophyta）					
桥弯藻属（Cymbella）	100.00	15.38	10.23	2 560.78	16.07
菱形藻属（Nitzschia）	100.00	36.91	12.27	4 918.39	30.86
脆杆藻属（Fragilaria）	21.43	0.38	0.01	8.31	0.05
小环藻属（Cyclotella）	35.71	1.35	0.31	59.45	0.37
舟形藻属（Navicula）	78.57	11.33	11.30	1 778.03	11.16
双菱藻属（Surirella）	7.14	0.08	0.05	0.89	0.01
等片藻属（Diatoma）	85.71	3.38	3.37	578.05	3.63
异极藻属（Gomphonema）	78.57	13.88	4.62	1 453.10	9.12
羽纹藻属（Pinnularia）	64.29	2.40	33.53	2 309.88	14.49
针杆藻属（Synedra）	78.57	8.03	16.02	1 889.17	11.85
直链藻属（Melosira）	42.86	0.75	0.75	64.23	0.40
布纹藻属（Gyrosigma）	35.71	3.75	0.62	156.24	0.98
肋缝藻属（Frustulum）	14.29	0.30	0.20	7.14	0.04
绿藻门（Chlorophyta）					

（续）

食物类别	O% （%）	N% （%）	W% （%）	IRI	IRI% （%）
栅藻属（Scenedesmus）	21.43	0.75	0.05	17.14	0.11
鼓藻属（Cosmartium）	21.43	0.45	0.60	22.48	0.14
蓝藻门（Cyanophyta）					
平裂藻属（Anabaena）	28.57	0.83	0.27	31.42	0.20
颤藻属（Oscillatoria）	7.14	0.08	+	0.54	+
底栖动物（benthic invertebrate）					
摇蚊幼虫（chironomid larvae）	14.29	+	4.28	61.20	0.38
摇蚊蛹（chironomid pupae）	14.29	+	1.51	21.53	0.14

注：+表示该饵料所占的百分比<0.01%。

三、巨须裂腹鱼

在 13 尾巨须裂腹鱼样本中共检测出藻类 3 门 15 属，其中硅藻门 12 属，绿藻门 2 属，裸藻门 1 属；水生昆虫 3 种；此外，肠道中还检测出水生高等植物、有机碎屑以及泥沙（表 4-3，彩图 5）。基于相对重要指数（IRI）数据，藻类是巨须裂腹鱼最重要的饵料（IRI%=76.88%），其次是水生昆虫（IRI%=17.06%），最后为有机碎屑（IRI%=5.76%）。在已鉴定的藻类中，硅藻是巨须裂腹鱼最重要的饵料（IRI%=75.44%）。在已鉴定的水生昆虫中，巨须裂腹鱼主要摄食摇蚊幼虫（IRI%=9.91%），其次摄食水丝蚓（IRI%=2.94%）。基于出现率百分比（O%）数据，巨须裂腹鱼经常捕食藻类（O%=100%），其次为水生昆虫（O%=46.15%），再次为有机碎屑（O%=30.77%）。在已鉴定的藻类中，硅藻出现频率最高（O%=100%），其次为裸藻（O%=23.08%）。在已鉴定的水生昆虫中，摇蚊幼虫出现频率最高（O%=46.15%），其次为未辨水生昆虫（O%=38.46%）。基于重量百分比（W%）数据，水生昆虫是巨须裂腹鱼最重要的饵料（W%=47.33%），其次为藻类（W%=30.21%），再次为有机碎屑（W%=20.35%），最后为水生植物（W%=2.11%）。在已鉴定的水生昆虫中，摇蚊幼虫所占比重最高（W%=23.35%），其次为水丝蚓（W%=10.41%）。而基于个数百分比（N%）数据，藻类是巨须裂腹鱼最主要的饵料（N%=99.99%）。在已鉴定的藻类中，硅藻丰度最高（N%=93.52%）。因此，巨须裂腹鱼是以水生昆虫为主要饵料，并兼食藻类和有机碎屑的大型肉食性鱼类。

表 4-3 巨须裂腹鱼的食物组成

食物类别	O% （%）	N% （%）	W% （%）	IRI	IRI% （%）
藻类（algae）					
硅藻门（Bacillariophyta）					

（续）

食物类别	O% （%）	N% （%）	W% （%）	IRI	IRI% （%）
桥弯藻属（*Cymbella*）	100.00	31.02	7.50	3 851.67	35.41
舟形藻属（*Navicula*）	61.54	15.28	5.54	1 281.07	11.78
羽纹藻属（*Pinnularia*）	38.46	6.25	3.02	356.60	3.28
等片藻属（*Diatoma*）	30.77	4.17	1.51	174.69	1.61
脆杆藻属（*Fragilaria*）	38.46	1.62	0.02	63.08	0.58
针杆藻属（*Synedra*）	46.15	8.33	6.04	663.54	6.10
小环藻属（*Cyclotella*）	76.92	16.44	1.39	1 371.21	12.61
菱形藻属（*Nitzschia*）	38.46	3.01	0.36	129.73	1.19
布纹藻属（*Gyrosigma*）	23.08	0.93	0.23	26.53	0.24
圆筛藻属（*Coscinodiscus*）	7.69	0.23	0.04	2.10	0.02
直链藻属（*Melosira*）	38.46	3.94	1.43	206.23	1.90
异极藻属（*Gomphonema*）	30.77	2.31	0.28	79.83	0.73
裸藻门（Euglenophyta）					
裸藻属（*Euglena*）	23.08	2.31	2.24	105.07	0.97
绿藻门（Chlorophyta）					
栅藻属（*Scenedesmus*）	15.38	1.85	0.05	29.18	0.27
水绵属（*Spirogyra*）	7.69	2.31	0.56	22.11	0.20
底栖动物（benthic invertebrate）					
摇蚊幼虫（chironomid larva）	46.15	＋	23.35	1 077.91	9.91
石蝇幼虫（perlidae larva）	30.77	＋	8.36	257.33	2.37
水丝蚓属（*Limnodrilus*）	30.77	＋	10.41	320.29	2.94
未辨水生昆虫（unidentified aquatic insect）	38.46	＋	5.20	200.18	1.84
其他（other）					
水生植物（hydrophyte）	15.38	＋	2.11	32.51	0.30
有机碎屑（organic crumbs）	30.77	＋	20.35	626.22	5.76

注：＋表示该饵料所占的百分比＜0.01%。

综上所述，3 种裂腹鱼类的食性可划分为两类：①植食性鱼类，包括异齿裂腹鱼和拉萨裸裂尻鱼，主要摄食着生藻类，兼食水生昆虫幼虫；②温和肉食性鱼类，包括巨须裂腹鱼，主要摄食水生昆虫幼虫，兼食藻类和有机碎屑。这与武云飞和吴翠珍（1992）、王起等（2019）及谢从新等（2019）对西藏裂腹鱼类食性的划分基本一致。

主要参考文献

曹文宣，陈宜瑜，武云飞，等，1981. 裂腹鱼类的起源和演化及其与青藏高原隆起的关系［M］//中国科学院青藏高原综合科学考察队. 青藏高原隆起的时代、幅度和形式问题. 北京：科学出版社.

陈宜瑜，陈毅峰，刘焕章，1996. 青藏高原动物地理区的地位和东部界限问题［J］. 水生生物学报，20（2）：97-103.

陈毅峰，曹文宣，2000. 裂腹鱼亚科［M］//乐佩奇. 中国动物志 硬骨鱼纲 鲤形目（下卷）. 北京：科学出版社.

陈毅峰，何德奎，曹文宣，等，2002. 色林错裸鲤的生长［J］. 动物学报，48（5）：667-676.

丁红霞，唐文乔，李思发，2009. 长江老江河国家级四大家鱼原种场鲢的生长特征［J］. 动物学杂志，44（2）：21-27.

高志鹏，2008. 鲇鱼山水库翘嘴鲌生长特性与种群管理研究［D］. 武汉：华中农业大学.

刘飞，牟振波，张驰，等，2019. 西藏浪错兰格湖裸鲤的年龄与生长［J］. 四川动物，38（4）：425-432.

吕大伟，周彦锋，葛优，等，2018. 淀山湖翘嘴鲌的年龄结构与生长特性［J］. 水生生物学报，42（4）：762-769.

谭博真，杨学芬，杨瑞斌，2020. 西藏哲古错高原裸鲤年龄结构与生长特性［J］. 中国水产科学，27（8）：879-885.

田波，吴金明，梁孟，等，2021. 长江中游武汉江段铜鱼的年龄与生长［J］. 水产学报，45（1）：67-78.

王起，刘明典，朱峰跃，等，2019. 怒江上游三种裂腹鱼类摄食及消化器官比较研究［J］. 动物学杂志，54（2）：207-221.

武云飞，吴翠珍，1992. 青藏高原鱼类［M］. 成都：四川科学技术出版社.

谢从新，2010. 鱼类学［M］. 北京：中国农业出版社.

谢从新，郭炎，李云峰，等，2021. 新疆跨境河流水生态环境与渔业资源调查：额尔齐斯河［M］. 北京：科学出版社.

谢从新，霍斌，魏开建，等，2019. 雅鲁藏布江中游裂腹鱼类生物学与资源保护［M］. 北京：科学出版社.

杨军山，陈毅峰，何德奎，等，2002. 错鄂裸鲤年轮与生长特性的探讨［J］. 水生生物学报，26（4）：378-387.

殷名称，1995. 鱼类生态学［M］. 北京：中国农业出版社.

张小谷，阮正军，熊邦喜，2008. 鄱阳湖蒙古鲌年龄与生长特性［J］. 海洋湖沼通报，3：137-142.

Angilletta M J, Steury T D, Sears M W, 2004. Temperature, growth rate, and body size in ectotherms: fitting pieces of a life-history puzzle［J］. Integrative and Comparative Biology, 44（6）：498-509.

Beamish R J, McFarlane G A, 1983. The forgotten requirement for age validation in fisheries biology［J］. Transactions of the American Fisheries Society, 112（6）：735-743.

Branstetter S, 1987. Age and growth estimates for blacktip, *Carcharhinus limbatus*, and spinner, *C. brevipinna*, sharks from the northwestern Gulf of Mexico［J］. Copeia, 4（9）：964-974.

Musick J A, 1999. Ecology and conservation of long-lived marine animals［J］. American Fisheries Society

Symposium，23：1-10.

Sinovčič G，Keč VČ，Zorica B，2008. Population structure，size at maturity and condition of sardine，*Sardina pilchardus*（Walb.，1792），in the nursery ground of the eastern Adriatic Sea（Krka River Estuary，Croatia）[J]. Estuarine Coastal and Shelf Science，76（4）：739-744.

Wootton R J，1990. Ecology of Teleost Fishes [M]. London，New York：Chapman and Hall.

Yamahira K，Conover D O，2002. Intra-vs. interspecific latitudinal variation in growth：adaptation to temperature or seasonality? [J]. Ecology，83（5）：1252-1262.

第五章
水文变化对巴松错食物源及
食物网特征的影响

食物网用于描述不同生物之间的营养关系，并为生态系统中生物之间的能量流动和物质循环提供可量化的框架（邓华堂等，2014；Thompson et al.，2012），对食物网的研究有助于了解生态系统的组成以及捕食者与被捕食者之间复杂的能量流动和物质转化过程，为水生生物资源的保护和修复提供依据（李云凯和贡艺，2014）。传统以肠含物分析为主的食物网分析方法，只能反映短期内消费者的进食情况，如果想了解长时间的进食情况，则需要长期地调查研究，工作量较重，且局限性较大（李忠义等，2005）。稳定同位素技术通过新的测量方式为生物之间的营养关系提供了新的量化指标，通过测量捕食者与被捕食者 $\delta^{13}C$（$^{13}C/^{12}C$）值的相近程度来判断捕食者的食物来源及能量流动情况；通过测定生态系统中不同生物的同位素 $\delta^{15}N$（$^{15}N/^{14}N$）值准确地测定食物网结构和生物营养级（Sabo et al.，2009）。本章应用稳定同位素技术探究不同水文时期西藏巴松错食物网结构及碳的来源，以期为保护水生生物资源提供理论依据。

第一节　巴松错食物网组成

一、食物网各组分的稳定同位素值

将巴松错 5 个采样点看作一个统一的整体进行分析，共收集到生物样品 93 个，包括 12 个种类，其中底栖动物样品 4 个，鱼类 7 种共 59 个样品，颗粒有机物 6 个样品，着生藻类 6 个样品，湿生植物 9 个样品，陆生植物 9 个样品（表 5-1）。巴松错 4 种基础食物源的 $\delta^{13}C$ 在 $-28.66‰$ ～ $-20.88‰$ 变化。其中颗粒有机物的 $\delta^{13}C$ 在 $-25.55‰$ ～ $-23.91‰$ 变化；着生藻类的 $\delta^{13}C$ 在 $-24.59‰$ ～ $-20.88‰$ 变化；湿生植物的 $\delta^{13}C$ 在 $-26.80‰$ ～ $-22.19‰$ 变化；陆生植物的 $\delta^{13}C$ 在 $-28.66‰$ ～ $-25.04‰$ 变化。食物源的 $\delta^{15}N$ 的变化范围为 $0.01‰$ ～ $6.68‰$。其中颗粒有机物的 $\delta^{15}N$ 的变化范围为 $3.72‰$ ～ $6.33‰$；着生藻类的 $\delta^{15}N$ 在 $3.67‰$ ～ $6.12‰$ 变化；湿生植物的 $\delta^{15}N$ 在 $0.01‰$ ～ $6.68‰$ 变化；陆生植物的 $\delta^{15}N$ 在 $0.85‰$ ～ $3.60‰$ 变化。底栖动物的 $\delta^{13}C$ 在 $-25.80‰$ ～ $-18.40‰$ 变化，$\delta^{15}N$ 的变化范围为 $2.26‰$ ～ $5.89‰$。肉食性鱼类的 $\delta^{13}C$ 和 $\delta^{15}N$ 的平均值分别为 $-19.54‰$ 和 $9.69‰$。杂食性鱼类的 $\delta^{13}C$ 和 $\delta^{15}N$ 的平均值分别为 $-18.83‰$ 和 $9.17‰$。藻类碎屑食性鱼类的 $\delta^{13}C$ 和 $\delta^{15}N$ 的平均值分别为 $-19.23‰$ 和 $7.49‰$。

表 5-1　巴松错食物网组分及样品信息

种类	编号	$\delta^{13}C$（‰）	$\delta^{15}N$（‰）	碳/氮	营养级	食性	样品量
鱼类							
尖裸鲤	Ost	-19.54 ± 5.18	9.69 ± 0.17	3.64	3.71	肉食性	6
巨须裂腹鱼	Sma	-18.64 ± 1.92	9.18 ± 0.68	3.48	3.56	杂食性	10
拉萨裂腹鱼	Swa	-19.66 ± 2.81	9.29 ± 0.34	3.42	3.59	杂食性	10

（续）

种类	编号	δ¹³C（‰）	δ¹⁵N（‰）	碳/氮	营养级	食性	样品量
双须叶须鱼	Pdi	−17.12±0.62	8.8±0.41	3.36	3.45	杂食性	3
拉萨裸裂尻鱼	Shu	−20.83±3.42	7.24±0.98	3.48	2.99	藻类碎屑食性	10
异齿裂腹鱼	Soc	−17.41±2.06	7.63±1.38	3.47	3.10	藻类碎屑食性	10
细尾高原鳅	Tst	−19.65±5.57	7.59±1.34	4.04	3.09	藻类碎屑食性	10
底栖动物							
底栖动物	Zb	−21.21±3.22	3.88±3.22	5.00	2		4
食物源							
颗粒有机物	POM	−24.48±0.71	5.08±1.00	3.63			6
着生藻类	EA	−22.73±1.46	5.19±0.86	4.95			6
湿生植物	SP	−24.85±1.50	2.42±2.65	13.75			9
陆生植物	LP	−26.63±1.03	2.07±0.97	17.54			9

二、食物网结构的时间变化

枯水季和丰水季巴松错食物网结构的稳定同位素分布见图 5-1。通过分析发现，从枯水季到丰水季，肉食性鱼类 δ¹⁵N 的值域无显著性变化（$P=0.556$），δ¹³C 的值域极显著增加（$P<0.01$）；杂食性鱼类 δ¹⁵N 和 δ¹³C 的值域无显著性变化（$P>0.05$）；藻类碎屑食性鱼类 δ¹⁵N 的值域无显著性变化（$P=0.096$），δ¹³C 的值域显著增加（$P<0.01$）；底栖动物 δ¹⁵N 和 δ¹³C 的值域无显著性变化（$P>0.05$）；湿生植物 δ¹⁵N 和 δ¹³C 的值域都极显著增加（$P<0.01$）；着生藻类 δ¹⁵N 的值域无显著性变化（$P=0.536$），而 δ¹³C 的值域极显著增加（$P<0.01$）；陆生植物 δ¹⁵N 和 δ¹³C 的值域无显著性变化（$P>0.05$）；颗粒有机物的 δ¹⁵N 的值域显著降低（$P<0.05$），δ¹³C 的值域则极显著增加（$P<0.01$）。

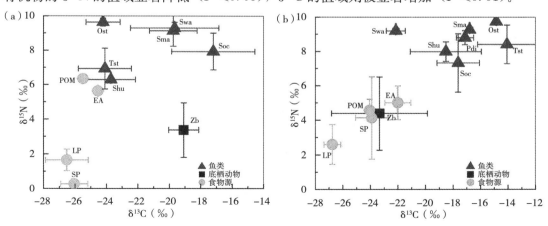

图 5-1 枯水季（a）和丰水季（b）水生食物网的 δ¹⁵N-δ¹³C 图

Ost. 尖裸鲤 Sma. 巨须裂腹鱼 Swa. 拉萨裂腹鱼 Pdi. 双须叶须鱼 Shu. 拉萨裸裂尻鱼 Soc. 异齿裂腹鱼 Tst. 细尾高原鳅 Zb. 底栖动物 LP. 陆生植物 SP. 湿生植物 EA. 着生藻类 POM. 颗粒有机物

三、消费者营养级

在不同的水文环境下，底栖动物的稳定同位素值均没有显著性差异，因此本研究以底栖动物为基准生物，基于 $\delta^{15}N$ 在营养级传递过程中相对稳定的富集规律（TEF 为 3.4‰），计算巴松错水生消费者的营养级。鱼类营养级的范围为 2.99～3.71，平均营养级为 3.36（表 5-1）。通过分析发现，巴松错食物网消费者营养级存在时间差异性，从枯水季到丰水季，肉食性鱼类营养级显著降低（$P<0.05$），杂食性鱼类中的拉萨裂腹鱼的营养级显著降低（$P<0.05$），藻类碎屑食性鱼类营养级差异不显著（图 5-2）。

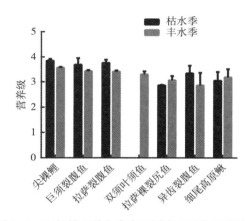

图 5-2　巴松错 7 种鱼类在不同水文时期的营养级

水文变化使得水体理化指标发生变化，使水体产生空间异质性，水体中的食物源为了生存需要更适宜的生活环境，进而分布发生了变化，鱼类同样为了生存，追求更适宜的生活环境，营养结构也跟着相应地发生了变化（McMeans et al.，2015；Sha et al.，2015）。由于水文变化，巴松错水体湿生植物、着生藻类、颗粒有机物等的碳氮稳定同位素值均发生了相应的改变，而水体中的陆生植物碳氮稳定同位素值则没有显著性差异，表明陆生植物并没有受到水文变化的影响。随着食物源在水体中的分布发生改变，水体中消费者的摄食选择也发生了变化（Yao et al.，2016）。消费者们各尽其能来使自己生存得更好，有的改变了摄食策略，有的改变了摄食比例甚至摄食量，它们的改变使生态系统更稳定地存在（Kondoh，2003）。巴松错的消费者们也不例外，由于水文变化，肉食性鱼类、藻类碎屑食性鱼类的稳定同位素值发生了相应的改变，而对于杂食性鱼类以及底栖动物的稳定同位素值则影响较小。

消费者的 $\delta^{13}C$ 跨度越大，表明消费者食物来源越广，即拥有更多不同 $\delta^{13}C$ 的食物源（James et al.，2000）。本研究中，随着水文条件的变化，丰水季肉食性鱼类、藻类碎屑食性鱼类、湿生植物、着生藻类、颗粒有机物的稳定同位素 $\delta^{13}C$ 相较于枯水季显著增加。有研究表明，食物网中消费者稳定同位素 $\delta^{13}C$ 的增加同其摄食策略密切相关，因此笔者认为丰水季肉食性鱼类和藻类碎屑食性鱼类对外源性食物源的摄入量要大于枯水季。杂食性鱼类由于湖泊本身食物资源较丰富，并未改变其摄食选择性。丰水季大量雨水和高山冰雪融水进入湖泊，带来丰富的有机物，从而增加了外源性食物源对湖泊消费者的贡献率，使生态系统初级生产力得到了提升，结构更趋于稳定（Wright et al.，2015）。

氮稳定性同位素比值 $\delta^{15}N$ 常用来确定生物在食物网中的营养位置，生物的氮稳定性同位素比值 $\delta^{15}N$ 受到生物自身新陈代谢和食物两个方面的因素的影响（France and Peters，1997；Post et al.，2000；Layman et al.，2007；Jake Vander Zanden and Fetzer，2007）。本研究表明，水体消费者的 $\delta^{15}N$ 表现出物种特异性，水体消费者中 $\delta^{15}N$ 范围越大表明该食物网营养级越多，巴松错丰水季与枯水季相比，$\delta^{15}N$ 范围变化不大，表明食物网结构较稳定。有研究表明，淡水生态系统大约占据 3.6 个营养级（Jake Vander Zanden and Fetzer，2007），而巴松错食物网中平均营养级为 3.36，相对偏低。这可能跟巴松错消费者的主要食物来源是着生藻类有关。本研究中，不同鱼类之间最高营养级与最低营养级差 0.72 个营养级，巴松错鱼类种类数相对较少，并且食物来源较单一，运动范围较小，较低营养级的鱼类为藻类碎屑食性，而普通藻类食性鱼类更偏向于杂食性，所以营养级相对较高，造成巴松错鱼类营养级之间差异较小。

食物资源的丰富程度能够影响鱼类的营养级和营养结构，通常水体中食物资源的丰度与鱼类营养级呈负相关，这在高级消费者身上表现得尤为突出（Post，2002；Yu et al.，2018；McMeans et al.，2019）。第三章的调查结果表明，丰水季由于雨水和冰雪融水的补给，入湖河流将大量的有机物带入湖中，加之丰水季是巴松错旅游的黄金季节，排入湖中的有机污染物显著增加，引起湖水中营养盐浓度的增大，饵料生物资源更为丰富，能够更好地满足消费者对于食物源的需求，最终造成巴松错丰水季营养级相较于枯水季有所降低。

综上所述，肉食性鱼类（尖裸鲤）为高级消费者，杂食性鱼类（巨须裂腹鱼、拉萨裂腹鱼和双须叶须鱼）为次级消费者，藻类碎屑食性鱼类［拉萨裸裂尻鱼、异齿裂腹鱼和细尾高原鳅（*Triplophysa stenura*）］为初级消费者。巴松错物质循环和能量流动途径主要为：着生藻类→底栖动物（藻类碎屑食性鱼类）→杂食性鱼类→肉食性鱼类（图 5 - 3）。

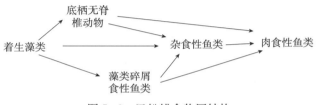

图 5 - 3　巴松错食物网结构

第二节　巴松错不同食物源对
消费者的贡献

一、四种食物源对消费者的贡献

本节研究中，笔者采集了四种食物源，即颗粒有机物、着生藻类、湿生植物、陆生植物，进行稳定同位素分析，食物源之间 $\delta^{13}C$ 和 $\delta^{15}N$ 均有显著差异（$P<0.05$），用贝叶斯混合模型计算得到食物源对水体消费者食谱中的贡献比例，进而比较不同食物源的营养贡献率（图 5‑4）。

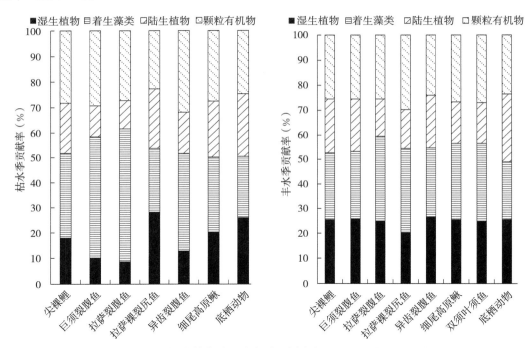

图 5‑4　巴松错枯水季和丰水季不同食物源对消费者的贡献率

着生藻类是巴松错消费者不同水文时期最主要的食物来源，在枯水季着生藻类对消费者的贡献率达到了 36.4%，在丰水季则达到了 29.80%，显著高于陆生植物、湿生植物及颗粒有机物（$P<0.05$），这与大多数学者的研究相一致，即着生藻类是贫营养型湖泊消费者的主要食物来源（Jones and Waldron，2003；Hadwen and Bunn，2005；Leigh et al.，2010；Jaschinski et al.，2010）。在枯水季消费者对湿生植物的依赖性较低，而在丰水季消费者对陆生植物的依赖性较低。不同水文时期，底栖动物的食物来源较均衡。

枯水季鱼类对着生藻类较依赖，丰水季不同食物源对鱼类的贡献率较均衡。枯水季鱼类主要依赖于着生藻类，着生藻类对鱼类贡献率为 38.37%，其中对肉食性鱼类贡献率为 33.73%，对杂食性鱼类的贡献率为 50.85%，对藻类碎屑食性鱼类的贡献率为 31.60%；贡献率最低的是湿生植物，为 16.30%，湿生植物对肉食性、杂食性、藻类碎屑食性鱼类的贡献率分别为 18.11%、9.35%、20.33%。枯水季底栖动物对湿生植物依赖度最高，对着生藻类依赖度最低。丰水季鱼类主要依赖于着生藻类，其贡献率为 30.70%，其中，对肉食性鱼类的贡献率为 27.17%，对杂食性鱼类的贡献率为 31.37%，对藻类碎屑食性鱼类的贡献率为 31.19%；贡献率最低的是陆生植物，为 18.31%，陆生植物对肉食性、杂食性、藻类碎屑食性鱼类的贡献率分别为 21.97%、17.49%、17.91%。丰水季底栖动物对陆生植物依赖度最高，对着生藻类依赖度最低。

初级生产者是消费者的基础食物源（Karlsson et al.，2002；Post，2002；Xu et al.，2011）。在不同水域环境中食物源对消费者的贡献也会发生变化（Anderson and Cabana，2005，Sha et al.，2015，Yao et al.，2016），本研究中四种食物源（着生藻类、湿生植物、陆生植物、颗粒有机物）的 $\delta^{13}C$ 和 $\delta^{15}N$ 均存在显著差异（$P<0.01$），贝叶斯混合模型估算结果表明，枯水季着生藻类对消费者的贡献率为 36.4%，而丰水季，随着气温的升高，大量的雨水和冰雪融水汇入湖中，使得湖面升高，导致更多的湿生植物、陆生植物进入水中，使得着生藻类对消费者的贡献率降低至 29.8%。相较于枯水季，丰水季的消费者的 $\delta^{13}C$ 范围更大，消费者的食物组成及摄食选择性增加，其摄食更均衡（图 5-4）。

鱼类的摄食策略与其生活的水环境密切相关（Yu et al.，2018）。最优摄食理论（optimal foraging theory，OFT）认为，鱼类总是选择能够使其获得最大净能量的摄食策略（殷名称，1995）。巴松错枯水季和丰水季不同的水文和营养条件引起鱼类饵料资源丰度和生物量的差异性，这种差异性可能使得鱼类选择不同的觅食策略（Schmitz et al.，1998；Svanbäck and Bolnick，2005；Tinker et al.，2009；Staniland et al.，2010）。在饵料资源相对较低的枯水季，巴松错鱼类为了更好地适应环境，主要选择摄食湖泊中的着生藻类，此时着生藻类对鱼类的贡献率均超过 30%，枯水季鱼类的稳定同位素 $\delta^{13}C$ 值域相较于丰水季小；而丰水季随着水文条件的改变，营养盐浓度升高，巴松错食物源种类更为丰富，饵料资源更为充沛，鱼类的摄食策略更加多样化，体内的稳定同位素 $\delta^{13}C$ 值域变宽，食物网结构更加复杂多变。

二、内、外源性食物源对消费者的贡献

湖泊食物源分为内源性食物源和外源性食物源。内源性食物源包括着生藻类、水生植物及部分颗粒有机物，外源性食物源包括陆生植物、湿生植物及部分颗粒有机物。对水体中颗粒有机物的来源组成按不同水文时期进一步分析，结果表明颗粒有机物在枯水季组成较均衡，丰水季主要由陆生植物组成，占 53%（表 5-2）。根据颗粒有机物来源组成及四种潜在的食物源对水体消费者的营养贡献，分析不同水文时期内、外源性食物源对巴松错水体消费者的贡献率（图 5-5）。

表 5-2　巴松错枯水季和丰水季食物源对颗粒有机物（POM）的相对贡献率（%）

来源	枯水季	丰水季
湿生植物	30	28
着生藻类	35	19
陆生植物	35	53

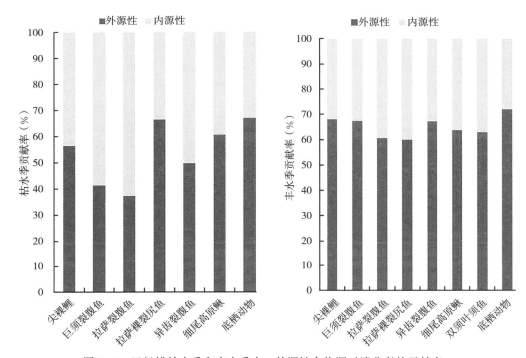

图 5-5　巴松错枯水季和丰水季内、外源性食物源对消费者的贡献率

外源性食物源为巴松错的主要营养来源，其中枯水季外源性食物源对湖泊消费者的贡献率为 54.11%，内、外源性食物源贡献率差异不显著；丰水季外源性食物源对湖泊消费者的贡献率为 65.15%，极显著高于枯水季（$P<0.01$）。从枯水季到丰水季，肉食性鱼类尖裸鲤一直是以外源性食物源为主，而杂食性鱼类从以内源性食物源为主转变到以外源性食物源为主，藻类碎屑食性鱼类中拉萨裸裂尻鱼和细尾高原鳅一直对外源性食物源依赖，而异齿裂腹鱼从对内源性食物源依赖转变为对外源性食物源的依赖。由于双须叶须鱼只在丰水季捕捞到，因此无法判断有无食物源的转变。

水体中生物群落结构可能由于生活环境的变化而改变，同时生物群落结构还可以影响湖泊的食物网结构，进而影响消费者的营养结构，最终导致生态系统结构的改变（Vuorio et al.，2006，Sánchez-Hernández et al.，2017）。在枯水季，气温低，降水量少，入湖河流的水量较少，加之湖岸周围森林覆盖率和人类活动水平较低，使得湖中的有机物输入量较少，外源性食物资源丰度和生物量较低，加大了湖内消费者对内源性食物源的需求。而丰水季由于雨水和冰雪融水的补给，入湖河流将大量的有机物带入湖中，加之湖岸周围森林覆盖率以及旅游人数的增加，湖中的有机物的输入量显著增大，引起湖水中营养盐浓度的增大，外源性食物资源丰度和生物量增多，此时鱼类选择摄食营养物质更丰富的外源性食物源，外源性食物源对所有食性的鱼类贡献率均超过60％。大多数情况下均表现出对湿生植物或陆地树叶的依赖，这表明丰水季外源性食物源对巴松错消费者的作用至关重要。综上所述，巴松错内、外源性食物源对消费者贡献率的季节差异性可能与湖泊周围的森林覆盖率、水文情势以及人类活动的季节差异性密切相关。

主要参考文献

邓华堂，段辛斌，刘绍平，等，2014. 大宁河下游主要鱼类营养结构的时空变化 [J]. 生态学报，34（23）：7110-7118.

李云凯，贡艺，2014. 基于碳、氮稳定同位素技术的冬太湖水生食物网结构 [J]. 生态学杂志，33（6）：1534-1538.

李忠义，金显仕，庄志猛，等，2005. 稳定同位素技术在水域生态系统研究中的应用 [J]. 生态学报，25（11）：3052-3060.

殷名称，1995. 鱼类生态学 [M]. 北京：中国农业出版社.

Anderson C，Cabana G，2005. $\delta^{15}N$ in riverine food webs：effects of N inputs from agricultural watersheds [J]. Canadian Journal of Fisheries and Aquatic Sciences，62（2）：333-340.

France R L，Peters R H，1997. Ecosystem differences in the trophic enrichment of ^{13}C in aquatic food webs [J]. Canadian Journal of Fisheries and Aquatic Sciences，54（6）：1255-1258.

Hadwen W L，Bunn S E，2005. Food web responses to low-level nutrient and ^{15}N-tracer additions in the littoral zone of an oligotrophic dune lake [J]. Limnology and Oceanography，50（4）：1096-1105.

Jake Vander Zanden M，Fetzer W W，2007. Global patterns of aquatic food chain length [J]. Oikos，116（8）：1378-1388.

James M R，Hawes I，Weatherhead M，2000. Removal of settled sediments and periphyton from macrophytes by grazing invertebrates in the littoral zone of a large oligotrophic lake [J]. Freshwater Biology，44（2）：311-326.

Jaschinski S，Brepohl D C，Sommer U，2010. The trophic importance of epiphytic algae in a freshwater macrophyte system (*Potamogeton perfoliatus* L.)：stable isotope and fatty acid analyses [J]. Aquatic Sciences，73（1）：91-101.

Jones J I，Waldron S，2003. Combined stable isotope and gut contents analysis of food webs in plant-dominated，shallow lakes [J]. Freshwater Biology，48（8）：1396-1407.

Karlsson J，Jansson M，Jonsson A，2002. Similar relationships between pelagic primary and bacterial production in clearwater and humic lakes [J]. Ecology，83（10）：2902-2910.

Kondoh M，2003. Foraging adaptation and the relationship between food-web complexity and stability [J]. Science，299（5611）：1388-1391.

Layman C A，Arrington D A，Montana C G，et al.，2007. Can stable isotope ratios provide for community-wide measures of trophic structure? [J]. Ecology，88（1）：42-48.

Leigh C，Burford M A，Sheldon F，et al.，2010. Dynamic stability in dry season food webs within tropical floodplain rivers [J]. Marine and Freshwater Research，61（3）：357-368.

McMeans B C，Kadoya T，Pool T K，et al.，2019. Consumer trophic positions respond variably to seasonally fluctuating environments [J]. Ecology，100（2）：e02570.

McMeans B C, McCann K S, Humphries M, et al. , 2015. Food web structure in temporally-forced ecosystems [J]. Trends in Ecology & Evolution, 30 (11): 662-672.

Post D M, 2002. Using stable isotopes to estimate trophic position: models, methods, and assumptions [J]. Ecology, 2002, 83 (3): 703-718.

Post D M, Pace M L, Hairston N G, 2000. Ecosystem size determines food-chain length in lakes [J]. Nature, 405 (6790): 1047-1049.

Sabo J L, Finlay J C, Post D M, 2009. Food chains in freshwaters [J]. Annals of the New York Academy of Sciences, 1162 (1): 187-220.

Sánchez-Hernández J, Eloranta A P, Finstad A G, et al. , 2017. Community structure affects trophic ontogeny in a predatory fish [J]. Ecology and Evolutionary, 7 (1): 358-367.

Schmitz O J, Cohon J L, Rothley K D, et al. , 1998. Reconciling variability and optimal behaviour using multiple criteria in optimization models [J]. Evolutionary Ecology, 12 (1): 73-94.

Sha Y C, Su G H, Zhang P Y, et al. , 2015. Diverse dietary strategy of lake anchovy Coilia ectenes taihuensis in lakes with different trophic status [J]. Joural of Applied Ichthyology, 55 (6): 866-873.

Staniland I J, Gales N, Warren N L, et al. , 2010. Geographical variation in the behaviour of a central place forager: antarctic fur seals foraging in contrasting environments [J]. Marine Biology, 157 (11): 2383-2396.

Svanbäck R, Bolnick D I, 2005. Intraspecific competition affects the strength of individual specialization: an optimal diet theory method [J]. Evolotionary Ecology Research, 7 (7): 993-1012.

Thompson R M, Dunne J A, Woodward G, 2012. Freshwater food webs: towards a more fundamental understanding of biodiversity and community dynamics [J]. Freshwater Biology, 57 (7): 1329-1341.

Tinker M T, Mangel M, Estes J A, 2009. Learning to be different: acquired skills, social learning, frequency dependence, and environmental variation can cause behaviourally mediated foraging specializations [J]. Evolotionary Ecology Research, 11 (6): 841-869.

Vuorio K, Meili M, Sarvala J, 2006. Taxon-specific variation in the stable isotopic signatures (δ^{13}C and δ^{15}N) of lake phytoplankton [J]. Freshwater Biology, 51 (5): 807-822.

Wright A J, Ebeling A, de Kroon H, et al. , 2015. Flooding disturbances increase resource availability and productivity but reduce stability in diverse plant communities [J]. Nature Communications, 6 (1): 1-6.

Xu J, Zhang M, Xie P, 2011. Sympatric variability of isotopic baselines influences modeling of fish trophic patterns [J]. Limnology, 12 (2): 107-115.

Yao X Y, Huang G T, Xie P, et al. , 2016. Trophic niche differences between coexisting omnivores silver carp and bighead carp in a pelagic food web [J]. Ecological Research, 31 (6): 831-839.

Yu J, Guo L G, Zhang H, et al. , 2018. Spatial variation in trophic structure of dominant fish species in Lake Dongting, China during dry season [J]. Water, 10 (5): 602.

第六章
巴松错渔业资源养护措施

近 10 多年来，随着西藏地区经济的跨越式发展，人类活动已经引起雅鲁藏布江中游流域土著鱼类资源的显著下降，中游流域资源开发与养护之间的矛盾较为突出。为了有效地保护雅鲁藏布江中游流域特有鱼类的种质资源，农业部于 2010 年批准建立了巴松错特有鱼类国家级水产种质资源保护区。由于水产种质资源保护区的庇护，巴松错的渔业资源几乎没有受到捕捞活动的影响，但巴河流域的水利水电建设、保护区辖区人口的增长、农牧业的发展以及旅游资源的开发，不可避免地对巴松错渔业资源与渔业环境产生了负面的影响。查明保护区水生态环境和渔业资源现状，厘清水环境恶化以及鱼类资源受胁迫原因，并采取针对性的养护措施，是协调巴松错资源开发和保护矛盾的迫切需要。

第一节　保护区简介

一、保护区概况

巴松错特有鱼类国家级水产种质资源保护区于 2010 年由农业部批准建立，是雅鲁藏布江流域的第一个水产种质资源保护区。保护区毗邻念青唐古拉山脉，位于工布江达县错高乡境内、尼洋河最大支流巴河的中上游，距拉萨市 369 km，距国道 318 线约 47 km，交通便利。地理位置为 29°59′—30°2′N、93°45′—94°3′E。北部与那曲市嘉黎县相连，南部与林芝市巴宜区为邻，东部与林芝市波密县接壤，总面积达 100 km²。保护区相对高差为 1 356 m，由于所跨纬度不足 1°，气候随海拔的垂直变化十分明显。由于纬度和地形的影响，保护区气温具有升温快、降温急的特点，且降温幅度大于升温幅度，年度最高气温 26.5℃，最低气温−13.4℃，平均气温为 6.4℃。保护区降水量随海拔增加而减少，降水量年内变化的一个明显特点是干湿季分明，每年的 6—8 月为降水集中期，但年降水变化比较稳定，年降水量的相对变化率不到 8%。保护区水源补给由山上雪水融化和降水组成，其中由雪水补给形成大小不一的支流，横竖交错，曲折蜿蜒，有扎拉曲、仲措曲、边浪曲、罗结曲等（土登达杰和扎堆，2016）。保护区核心区——巴松错，是西藏东部最大的淡水堰塞湖之一，国家 5A 级景区，也是西藏著名的红教神湖。湖面平均海拔 3 460 m，呈新月状，全长 15 km，宽 3 km，总面积 37.5 km²，湖水平均深度 60 m 以上，最深达 180 m。核心区占保护区面积的 37.5%，实验区占保护区面积的 62.5%（索朗和扎堆，2016）。主要保护对象为尖裸鲤、拉萨裂腹鱼、巨须裂腹鱼、双须叶须鱼、异齿裂腹鱼、拉萨裸裂尻鱼、黑斑原鮡（*Glyptosternum maculatum*）。特别保护期为每年的 3 月 1 日至 8 月 1 日。

二、鱼类组成

巴松错水体中共采集到隶属 2 目 3 科 7 属的鱼类 10 种，包括土著鱼类 8 种和外来鱼类2种（表6-1，彩图6）。土著鱼类由裂腹鱼类和高原鳅两个类群共计8种鱼组成，包括异齿裂腹鱼、巨须裂腹鱼、拉萨裂腹鱼、双须叶须鱼、尖裸鲤、拉萨裸裂尻鱼等6种裂腹鱼类以及细尾高原鳅和东方高原鳅（*Triplophysa orientalis*），其中异齿裂腹鱼和巨须裂腹鱼为巴松错鱼类群落的绝对优势种。这些鱼类广泛分布于雅鲁藏布江中游干支流，除高原鳅外个体较大，经济价值高，是中游流域主要捕捞对象。高原鳅个体小，种群数量较大，主要分布于附属湖泊、河流沿岸缓流、浅水多沙砾及水草处，渔业利用价值不高，但也有小规模捕捞，渔获物在市场出售，用来放生（谢从新等，2019）。保护区特别保护鱼类、国家二级重点保护野生动物——黑斑原鮡，在为期4年的调查中没有采集到，其濒危程度可见一斑。除了土著鱼类外，巴松错还采集到2种外来鱼类，分别为鲤（*Cyprinus carpio*）和大口鲇（*Silurus meridionalis*），但外来鱼类所占重量比例不足0.5%。

三、保护鱼类的生物学特性

鱼类的生物学特性是制定渔业资源保护政策的重要依据之一。为了更好地分析渔业资源衰退原因，现将裂腹鱼类的生物学特性简要介绍如下。

栖息于保护区内的土著鱼类年龄结构复杂，异齿裂腹鱼是寿命最长的鱼类（43龄），年龄结构最为简单的拉萨裸裂尻鱼也有20多个年龄组；生长速度极为缓慢，雌鱼和雄鱼的表观生长指数为4.37～4.56，生长系数处于0.1/a附近，与其他学者的研究结果相似（表6-2）。这些特性表明保护区内的土著鱼类是一种生长缓慢和寿命较长的鱼类，生活史类型属于典型的K-选择类型。

综合前人及本次研究结果，保护区内土著鱼类可以被划分为三个营养功能组：①以尖裸鲤和黑斑原鮡为代表的肉食性鱼类，主要捕食鱼类，并兼食底栖动物；②以异齿裂腹鱼和拉萨裸裂尻鱼为代表的植食性鱼类，主要摄食着生藻类，并兼食水生昆虫幼虫；③以双须叶须鱼、拉萨裂腹鱼和巨须裂腹鱼为代表的杂食性鱼类，主要摄食水生昆虫幼虫，兼食有机碎屑和高等水生植物（表6-2）。

保护区内土著鱼类性成熟较晚，绝对繁殖力在数百至几万粒，繁殖期为3—6月（巨须裂腹鱼约早1个月），产卵场较为分散，通常位于河流岸边浅水带，水深0.3～3.0 m，水质清澈，底质多是石块和鹅卵石；产卵前具有短距离产卵洄游行为。土著鱼类的卵较大，卵径达2.5～3.0 mm，卵黄径为2.3～2.9 mm，卵周隙小；胚胎发育时间较长，在水温12 ℃左右，需8～12 d，有效积温2 400～3 300 ℃；仔鱼5～7 d开口摄食，混合营养期长达18～23 d（谢从新等，2016、2019）。

表 6-1 巴松错鱼类资源组成

科	亚科	属	种	数量	重量 (g)	数量百分比	重量百分比	备注
鲤科 (Cyprinidae)	裂腹鱼亚科 (Schizothoracinae)	裂腹鱼属 (Schizothorax)	异齿裂腹鱼 (S. o'connori)	525	489 484.7	59.32%	73.39%	●
			拉萨裂腹鱼 (S. waltoni)	57	50 534.9	6.44%	7.58%	●
			巨须裂腹鱼 (S. macropogon)	113	71 701.3	12.77%	10.75%	●
		尖裸鲤属 (Oxygymnocypris)	尖裸鲤 (O. stewartii)	24	26 977.3	2.71%	4.04%	●
		裸裂尻鱼属 (Schizopygopsis)	拉萨裸裂尻鱼 (S. younghusbandi)	74	12 116.8	8.36%	1.82%	●
		叶须鱼属 (Ptychobarbus)	双须叶须鱼 (P. dipogon)	37	13 793.2	4.18%	2.07%	●
	鲤亚科 (Cyprininae)	鲤属 (Cyprinus)	鲤 (C. carpio)	3	2 119.3	0.34%	0.32%	▲
鲇科 (Siluridae)		鲇属 (Silurus)	大口鲇 (S. meridionalis)	2	2.3	0.23%	—	▲
鳅科 (Cobitidae)	条鳅亚科 (Noemacheilinae)	高原鳅属 (Triplophysa)	细尾高原鳅 (T. stenura)	33	146.1	3.73%	0.02%	●
			东方高原鳅 (T. orientalis)	17	73.9	1.92%	0.01%	●

注：—表示百分比低于 0.01%；●表示土著鱼类；▲表示外来鱼类。

表6-2 雅鲁藏布江流域主要土著鱼类生物学特性

种类	最大年龄	生长系数	表观生长指数	性成熟年龄	繁殖期	主要饵料	相对繁殖力(粒/g)	参考文献
异齿裂腹鱼 (*Schizothorax o'connori*)	50龄	(0.081~0.138)/a	4.430 7~4.527 9	7~9龄	3—4月	着生藻类、兼食水生昆虫	6.2~28.1	本研究 谢从新等，2019 Yao and Chen, 2009
巨须裂腹鱼 (*Schizothorax macropogon*)	36龄	(0.053~0.166)/a	4.427 5~4.525 6	5~9龄	1—2月	水生昆虫、兼食有机碎屑和高等植物	9.5~24.1	本研究 谢从新等，2019 朱秀芳和陈毅峰，2009
拉萨裂腹鱼 (*Schizothorax waltoni*)	40龄	(0.051~0.083)/a	4.427 3~4.530 5	8~11龄	3—4月	水生昆虫、兼食有机碎屑	5.1~21.8	谢从新等，2019 Qiu and Chen, 2009
双须叶须鱼 (*Ptychobarbus dipogon*)	44龄	(0.090~0.162)/a	4.558 0~4.623 1	13~13.5龄	2—3月	水生昆虫、兼食有机碎屑	1.6~7.6	谢从新等，2019 王强等，2017 Li and Chen, 2009 Liu et al., 2018
尖裸鲤 (*Oxygymnocypris stewartii*)	25龄	(0.106~0.169)/a	4.782 3~4.915 3	5~7龄	3—4月	鱼类、兼食水生昆虫	15.8~40.2	谢从新等，2019 Jia and Chen, 2011
拉萨裸裂尻鱼 (*Schizopygopsis younghusbandi*)	26龄	(0.074~0.305)/a	4.426 0~4.561 6	4~7龄	3—4月	着生藻类、兼食水生昆虫	24.5~113.6	本研究 谢从新等，2019 Chen et al., 2009
黑斑原鮡 (*Glyptosternum maculatum*)	13龄	(0.073~0.114)/a	3.789 5~4.275 8	4~8龄	5—6月	鱼类、兼食底栖动物	3.2~27.0	丁城志等，2008 丁城志等，2010 谢从新等，2016

第二节 渔业资源主要影响因素

一、酷渔滥捕

藏族同胞把人的精神或灵魂与天、山和水等自然物联结在一起，视这些自然物是灵魂的居住地而举行各种祭拜仪式。水中的鱼作为承载人们灵魂的自然物之一，常常被藏族同胞加以保护。改革开放前，西藏的绝大部分水体都没有进行渔业开发，天然鱼类资源长期处于自生自灭的自然调节状态。然而，改革开放以来，随着当地社会经济的发展和人民消费观念的改变，对水产品，尤其是本地特色水产品的需求，不仅在自治区内大幅增加，同时大量销往其他省份。20 世纪 90 年代中后期，拉萨河鱼类资源已经表现出衰退迹象（张春光和贺大为，1997）。21 世纪以来，市场需求量和售价的飙升，刺激了对鱼类的捕捞。谢从新等（2019）对 2008—2009 年雅鲁藏布江谢通门—日喀则江段渔获物进行了分析，6 种裂腹鱼类的渔获物中，性成熟年龄以下各龄个体在渔获物中的比例均接近或超过 50%，过多未达性成熟个体被捕捞，造成种群补充群体数量下降；体重生长拐点以下各年龄组在渔获物中的比例均大于 50%，不利于发挥鱼类生长潜能；个体较大的雌鱼在渔获物中的比例往往高于雄鱼，对种群延绵产生不利影响；渔获个体越来越小，如巨须裂腹鱼渔获物平均年龄，由 2008—2009 年的 8.33 龄，下降到 2012 年的 6.55 龄，在不到 4 年的时间渔获物的平均年龄降低约 2 龄。此外，在雅鲁藏布江中游流域还栖息着一种鮡科鱼类——黑斑原鮡，该鱼肉味鲜美且具有一定的药用功能，市场价格逐年攀升，是当地裂腹鱼类价格的几十倍，在巨大经济利益的刺激下，渔民对黑斑原鮡资源进行了掠夺式捕捞，目前，雅鲁藏布江中游流域已难觅黑斑原鮡的踪影（谢从新等，2016）。由此可见，过度捕捞是导致雅鲁藏布江中游流域渔业资源衰退的主要原因之一。此外，对渔业资源造成更为严重破坏的是毒鱼、炸鱼等违法行为，所有鱼类不分种类、不分大小无一幸免，给鱼类资源造成毁灭性破坏。与雅鲁藏布江干支流水域相比，巴松错因受到水产种质资源保护区的庇护，渔业捕捞活动对其鱼类资源的影响较小，但湖区裂腹鱼类的生活史对策偏向于 K-对策者，种群一旦遭受过度破坏，恢复能力低，还有可能灭绝。因此，为了保护雅鲁藏布江裂腹鱼类种质资源，应加强对湖区渔业行为的监管，预防捕捞对土著鱼类资源的长期不利影响。

二、水电开发

雅鲁藏布江蕴藏着丰富的水能资源，全流域水能蕴藏量超过 $1.13×10^8$ kW。雅鲁藏布江水资源的合理开发利用，对于西藏地区乃至全国的国民经济可持续发展具有深远意义（徐大懋等，2002；邱志鹏和张光科，2006）。巴松错是雅鲁藏布江二级支流巴河的附属湖泊，巴河发源于念青唐古拉山脉东端，发源地广泛分布现代冰川，河流全长约 89 km，流域面积 4 229 km²，径流总量约 44 亿 m³，一般枯水流量 33.6m³/s。巴河水电梯级开发由巴河干流七级水电站和巴河支流朱拉曲二级水电站组成，其中巴河干流七级水电站的站址分别在冲久村、606 电台、嘎拉村、606 电站、雪卡村、额巴村和老虎嘴，巴河支流朱拉曲二级水电站的站址分别在客嘎村和朱拉桥（杨永红等，2010）。巴河水电开发对林芝市的经济发展起到了关键作用，同时也对保护区的渔业资源与环境产生了较大的干扰。水资源开发对生态环境，特别是对鱼类和其他水生生物的影响应予以特别重视。水电站的修建对生态环境和渔业资源的影响主要表现在以下方面。

（一）侵占鱼类产卵场

根据文献报道以及野外调查，巴河上游以及老虎嘴电站所在河段是裂腹鱼类和黑斑原鮡的产卵场，巴河干流已建成的和在建的水电站位于保护区土著鱼类的产卵场河段，对土著鱼类的产卵场可能产生毁灭性的破坏（谢从新等，2019）。

（二）影响鱼类繁殖活动

雅鲁藏布江流域的水电站多为日调节水电站。日调节水电站的特点是每日下泄流量随用电峰谷而变化，排入坝下河道后成为非恒定流，致使河水流量、水深、流速及水面宽度等变幅较大，造成江水的陡升、陡降（黄颖等，2004）。如老虎嘴电站是巴河巴松错以下河段梯级开发规划的第 7 个梯级电站，距巴河出口处约 5.5 km。水库正常蓄水位为 3 297 m，死水位为 3 296 m，总库容为 9.59×10^7 m³，调节库容 7.10×10^6 m³，为日调节水电站（胡运华，2009；彩图 7）。土著鱼类一般在岸边浅水区产卵，水位的频繁改变可能使产卵场暴露在空气中，使鱼类无法产卵；即使产卵成功，受精卵在长达 10 d 左右的孵化过程中，水位的陡升、陡降将使受精卵反复暴露在空气中。日调节水电站运行产生的非恒定流，将对鱼类产卵及鱼卵的成活率产生严重影响（谢从新等，2019）。

（三）改变鱼类的生态环境和群落结构

保护区内的土著鱼类都适宜急流环境，多以着生藻类和水生昆虫等无脊椎动物为主要食物。大坝建成蓄水后，坝上库区水域生境由流水型变为静水型。库区因水位上升，水温将出现分层，水体透明度增加，溶解氧降低，泥沙沉积，流速减缓，流态单调，流水性鱼类的关键生境消失，裂腹鱼类和黑斑原鮡等适应流水生活的土著鱼类则迁移到水库上游具有流水环境的河段，而库区为适应静水生活的鱼类，特别是适应性强的麦穗鱼（*Pseudorasbora parva*）等外来鱼类，提供了适宜的生境。长此下去，将导致鱼类群落结构发生根本性的变化（谢从新等，2021）。

三、外来鱼类入侵

养殖鱼类引种带入、逃逸、放生是雅鲁藏布江中游流域外来鱼类的主要入侵途径。外来鱼类的入侵改变了原有的鱼类群落结构，对土著鱼类的生存构成威胁。如麦穗鱼等小型外来鱼类成功入侵后，在河流沿岸带、河汊等浅水区局部水域形成优势种群，不但与土著鱼类产生空间和食物资源竞争（Kolar and Lodge，2002），还有可能吞食土著鱼类的卵，对土著鱼类种群产生直接危害。雅鲁藏布江流域发现的外来鱼类共有 15 种，隶属 5 目 7 科 14 属，包括麦穗鱼、鲫（*Carassius auratus*）、小黄黝鱼（*Micropercops swinhonis*）、棒花鱼（*Abbottina rivularis*）、泥鳅（*Misgurnus anguillicaudatus*）、大鳞副泥鳅（*Paramisgurnus dabryanus*）、银鲫（*Carassius gibelio*）、鲤、草鱼（*Ctenopharyngodon idellus*）、鲇（*Silurus asotus*）、黄鳝（*Monopterus albus*）、乌鳢（*Channa argus*）、鲢（*Hypophthalmichthys molitrix*）、鳙（*Aristichthys nobilis*）和青鳉（*Oryzias latipes*）（沈红保和郭丽，2008；杨汉运等，2010；周剑等，2010；范丽卿等，2010、2011；谢从新等，2019；丁慧萍等，2022）。这些鱼类中除草鱼、鲢、鳙的自然繁育需要特定的水文条件，其他均可在高原水生态系统中自然繁殖，其中麦穗鱼、鲫、小黄黝鱼、棒花鱼、泥鳅、鲤等已广泛分布于雅鲁藏布江及其附属水体，甚至成为一些水体的绝对优势种（丁慧萍等，2022）。尽管巴松错水域仅发现 2 种外来鱼类，且其资源量微乎其微，但与雅鲁藏布江干流和尼洋河等流水生境相比，巴松错为那些适应性较强的外来鱼类提供了适宜的静水生活条件，其对生物入侵的耐受力相对较差，需特别加强生物入侵的预防工作。

四、水质污染

巴松错位于保护区的核心区域，是国家 5A 级景区，不仅具有丰富且独特的生态旅游资源，还具有独特的民俗和宗教文化资源，开发潜力巨大，已成为保护区辖区的支柱产业。然而保护区旅游资源的开发不可避免地对区内的水环境产生了不利影响，第三章研究结果显示，巴松错水体已出现向Ⅳ类水质恶化的趋势，且湖泊营养状态已出现由贫营养状态向中营养状态转变的趋势，其主要的污染物为含氮有机物，这与西藏另一著名旅游景区——羊卓雍错的水环境恶化趋势一致（者萌等，2016）。

随着林芝"桃花节"知名度的提高，旅游人数大幅增加，而完善的基础设施是旅游资源开发的基础，在当地政府的扶持下，保护区内一批重大交通建设工程、农村公路通畅工程以及新农村建设工程都将相继开工。其中多数工程建在巴松错及其入湖河流沿岸，工程施工除对水质产生污染外，还将会永久性占用和破坏湖泊原有结构，运营期路面污染物和交通运输噪声、突发性污染事故等，对水生生物资源及水生态系统结构和功能将产生长期的负面影响。

第三节　资源主要保护措施有效性分析

一、渔政管理

西藏渔业资源的地方立法雏形见于 1984 年发布的《关于保护水产资源的布告》，该布告拉开了西藏渔业资源法制化进程的大幕。自治区政府先后出台了《渔业资源增殖保护费征收使用办法》（1989 年）、《关于征收水生野生动物资源保护费的批复》（2000 年）以及《西藏自治区实施〈中华人民共和国渔业法〉办法》（2006 年）等地方性法规，构建了较为完善的自治区渔业法规体系，极大地促进了西藏渔业资源的保护效果（户国等，2019）。然而，上述地方性法规中最晚颁布的一部距今已有十多年，这十多年是自治区社会经济高速发展时期，渔业资源状况发生了翻天覆地的变化，许多法规内容的保护效果已大打折扣。

强大的监督执法力度是渔业法律法规落到实处、发挥效应的根本保障。西藏渔政管理始于 1981 年，从业人员均为兼职，1985 年西藏成立了专职的渔政管理队伍，当年自治区任命了 3 名渔政检查员，负责对七个市（地区）20 余个沿江（湖）县（区）渔业生产和渔业资源管理进行检查指导（钱志林和雷云雷，1996；户国等，2019）。近年来，依照《中华人民共和国渔业法》《中华人民共和国野生动物保护法》《中华人民共和国环境保护法》等的有关规定，自治区渔政管理部门加强了对各类涉渔违法行为的监管整治，加大了对涉渔违法行为的查处力度，取得了一定成绩。

目前，西藏各级各类渔业执法人员有 270 余人，但是，全区除林芝市农牧局建立了由 3 人组成的专业渔业行政执法大队外，其他人员均为基层单位或者其他有关部门抽调的兼职人员，且渔政队伍尚未实现统一着装和统一配备执法车船及设施（户国等，2019）。西藏水域面积太大，一些重要渔业水域交通不便，渔政管理人员和装备不足，手段落后，给渔政管理执法带来较大困难，渔政监管无法全面覆盖，非法渔业行为仍时有发生。为了进一步做好渔业资源的保护工作，除需要进一步完善渔业管理政策外，尚需加强渔政执法队伍和装备建设，提高渔政执法能力。

二、水产种质资源保护区

作为国家重要生态安全屏障，青藏高原的生态保护和建设对区域和全球产生了巨大而直接的影响，作为青藏高原的主体部分，西藏的生态状况将直接影响高原整体生态的健康。为了保护高原独特而脆弱的森林、荒漠、湿地等生态系统，中央政府和西藏自治区人民政府把建立自然保护区作为保护高原生态和自然环境的主要手段之一，20 世纪 80 年代开始在西藏的重点生态区域建立自然保护区（达瓦次仁等，2018）。截至 2015 年底，西藏共建有自然保护区 47 个，其中国家级有 9 个，自治区级有 14 个，地市县级有 24 个，涵盖内陆湿地、森林生态、野生动物、地质遗迹、荒漠生态和野生植物 6 个类型（李士成等，2018）。虽然有许多保护区属于涉水类型，但其功能主要是保护陆生珍稀动植物及其生态系统，如西藏雅鲁藏布江中游河谷黑颈鹤国家级自然保护区和拉鲁湿地国家级自然保护区，主要保护珍稀鸟类和水生植被及其栖息地，鱼类及其生境仅是保护区的附属保护目标，不能替代水产种质资源保护区的功能。

巴松错特有鱼类国家级水产种质资源保护区于 2010 年由农业部批准建立，是雅鲁藏布江流域的第一个水产种质资源保护区（彩图 7）。特别保护期为每年的 3 月 1 日至 8 月 1

日，主要保护对象为尖裸鲤、拉萨裂腹鱼、巨须裂腹鱼、双须叶须鱼、异齿裂腹鱼、拉萨裸裂尻鱼、黑斑原鮡。笔者通过野外调查发现，保护区的入湖河流巴河具备上述鱼类的产卵条件，能够保证鱼类完成其生活史，对上述鱼类种质资源保护将起到一定作用。但保护区鱼类群落的绝对优势类群为异齿裂腹鱼和巨须裂腹鱼，尖裸鲤和双须叶须鱼数量较少，黑斑原鮡难觅踪迹。此外，保护区所在巴河上已建有多座梯级水电站，阻隔保护区与雅鲁藏布江及其支流尼洋河之间鱼类的交流，使得该保护区对鱼类种质资源保护存在一定局限性。

三、水电站生态保护措施

水电工程的建设改变了天然河道的形态、水文情势和水体理化性质等，对鱼类及其赖以生存的水生态系统造成影响，通常采用修建过鱼设施、建设增殖放流站和保护天然生境等综合措施保护鱼类等水生生物。不同的鱼类要求的产卵条件不同，产卵场所也不同。一般来说，对产卵条件要求严格的鱼类，其产卵场往往有一定的范围和限制（谢从新等，2019）。例如，回归性极强的鲑科鱼类必须长途跋涉，克服一切阻碍回到出生地产卵；长江中的"四大家鱼"等产漂流性卵鱼类，也必须经过长距离洄游，到达上游具有特定条件的产卵场繁殖。相反，对产卵条件要求不严格的鱼类，其产卵场分布往往较为广泛。谢从新等（2016、2019）指出，雅鲁藏布江中游流域6种裂腹鱼类和黑斑原鮡的产卵场较为分散，位于河流近岸0.3～3.0 m的浅水带、底质多是石块和卵石、流速较低、流态紊乱的地方，这样的地方干支流的上下游都有，土著鱼类只需从越冬场短距离洄游到就近产卵场即可产卵，顺利完成其生活史。巴河干流已经规划了7级水电站的开发，各级电站蓄水后所形成的水库之间可能没有流水河段，即使存在流水河段，其流程也极短，原有的急流环境消失；此外，水库蓄水运行后，因水位上升，水温将出现分层，水体透明度增加，溶解氧降低，泥沙沉积，流速减缓，流态单调，土著鱼类的关键生境消失，水库内已不具备它们基本的繁殖条件。土著鱼类适应流水生活，克服水流的能力较强，位于坝下的土著鱼类虽能通过鱼道上溯，但水库里的食物和水文等环境条件并不适宜它们的生长和繁殖。显然，土著鱼类唯有通过多座大坝到达梯级水电站上游流水河段，才具有完成其生活史的适宜生态条件，问题是土著鱼类对产卵条件的要求不严格，它们为何要耗费大量的能量翻越多座大坝到达梯级电站上游河段繁殖产卵？因此，鱼道等过鱼设施并非"救鱼"的必要措施（曹文宣，2017）。

四、增殖放流

依照《水生生物增殖放流管理规定》（农业部令第20号），增殖放流指采用放流、底播、移植等人工方式向海洋、江河、湖泊、水库等公共水域投放亲体、苗种等活体水生生物的活动。增殖放流是一种广泛运用于水生生物资源养护、生态修复和渔业增效等领域的技术手段，尤其是对珍稀濒危鱼类的保护发挥着重要的作用。西藏土著鱼类增殖放流工作虽然起步较晚，但近年来越来越受到重视。按照《农业部关于做好

"十三五"水生生物增殖放流工作的指导意见》（农渔发〔2016〕11号）要求，到2020年，西藏共需增殖放流内陆经济物种1 000余万尾，珍稀濒危物种200余万尾。目前，西藏本地的增殖放流活动可以归纳为两类：①相关单位组织的公益性增殖放流活动。放流活动的组织单位主要有西藏自治区农业农村厅、西藏自治区农牧科学院、林芝市农业农村局、西藏农牧学院、华中农业大学、西藏自治区亚东县政府、藏木水电站和老虎嘴水电站等，涵盖了政府机关、高校、企业等多种机构。放流的种类均为西藏珍稀特有的土著鱼类，包括黑斑原鮡、亚东鲑（*Salmo trutta fario*）、尖裸鲤、双须叶须鱼、拉萨裸裂尻鱼、拉萨裂腹鱼、巨须裂腹鱼、异齿裂腹鱼等。统计显示，西藏地区2009—2016年累计增殖放流的土著鱼类总数量超过828万尾，2016—2019年累计放流黑斑原鮡、巨须裂腹鱼、拉萨裂腹鱼和尖裸鲤等4种国家重点保护野生鱼类约300万尾，西藏地区的增殖放流工作已经形成了一定的规模（朱挺兵等，2017；叶志祥等，2021）。②藏族同胞自发组织的放生活动。受宗教放生习俗的影响，藏族同胞已经养成了很深的鱼类保护观念，群众自发性的放生活动也较多，尤其是每年的藏历4月（为期1个月的传统宗教节——萨噶达瓦节），放生行为尤为盛行（彩图7）。藏族同胞不仅会积极主动地参加政府等单位举行的公益放流活动，还经常到市场上自费购买活鱼并放生。但由于群众性的放生活动过于分散，具体的放生规模、种类等信息很难统计（扎西拉姆等，2017；朱挺兵等，2017）。

苗种是人工增殖放流的物质基础。2007—2009年，笔者所在课题组在谢从新教授的带领下，于自治区黑斑原鮡良种场先后成功进行了黑斑原鮡和6种裂腹鱼类的规模化人工繁育，室外池塘培育1龄和2龄鱼种也获得成功，基本形成了土著鱼类苗种繁育技术体系，为雅鲁藏布江流域土著鱼类增殖放流奠定了技术基础（谢从新等，2019）。目前，西藏地区增殖放流的苗种主要来源于6家单位，包括西藏自治区畜牧总站水产良种保育场、林芝市异齿裂腹鱼良种场、藏木水电站鱼类增殖放流站、西藏自治区农牧科学院水产科学研究所、西藏大学农牧学院和亚东县亚东鲑繁育基地。这些单位都具备土著鱼类规模化人工繁育的人才、设施和技术，为增殖放流奠定了物质基础（朱挺兵等，2017）。

尽管西藏土著鱼类的增殖放流活动已初具规模，但增殖放流活动仍存在一些问题：①西藏的鱼类增殖放流还处于比较粗放的状态，许多相关基础研究仍显不足；②尽管目前西藏地区已至少有6家单位可以繁育西藏土著鱼类，但受生产技术不稳定、生产设施较落后、过度依赖采捕野生亲鱼进行繁育、养殖过程中易患疾病等不利因素的影响，这些单位的苗种生产能力很难再扩增，产量也极不稳定，目前的生产能力已难以满足放流的需求；③放流的鱼种除少数为1龄和2龄大规格鱼种外，大部分为3～5 cm的当年鱼种；④增殖放流效果评估是增殖放流体系中极其重要的组成部分，通过效果评估可检验增殖放流发挥的作用，目前，受对效果评估重要性认识不足、缺乏适宜的标志回捕技术以及藏族同胞对放流鱼类的保护等因素的影响，对土著鱼类增殖放流效果开展的评估工作十分有限（朱挺兵等，2017；叶志祥等，2021）。

第四节　资源养护措施的建议

渔业资源保护涉及法律法规、风土人情、自然环境、资源现状、社会经济等诸多方面，是一项需要相关部门上下联动、紧密协作和形成合力的复杂系统工作。根据已有的资料以及本研究的结果，建议采取以下措施加强资源和环境保护。

一、健全完善渔业资源管理体系

（一）完善渔业法规体系

坚持生态优先的原则，协调资源开发和保护的矛盾，将渔业资源保护纳入流域生态环境综合治理目标。根据《中华人民共和国渔业法》等国家相关法律法规，结合流域渔业资源受胁迫现状，因地制宜地制定水生生物养护规划，完善流域渔业资源保护法规，构建主动式渔业资源管理模式，形成完善的渔业法规体系。

（二）加强渔业资源执法监督力度

完善的地方渔业法规体系对渔业资源养护固然重要，但如果没有强大的监督执法力量来实现渔业资源有效养护，再完善的渔业法规体系只会沦落为一纸空文。巴松错隶属工布江达县农业农村局渔政管理大队所辖水域，实地调研发现，工布江达县农业农村局渔政管理大队仅由 2 人组成，且没有配备执法车船和设备，工作方式主要是通过雇佣巴松错周边藏民、护林员兼职渔政执法。巴松错渔政管理人员和装备不足，手段落后，给渔政管理执法带来较大困难，为了进一步做好渔业资源的保护工作，除需要进一步完善渔业管理政策外，尚需加强渔政执法队伍和装备建设，提高渔政执法能力。建议从人、财和物三方面强化渔业综合执法管理体系建设。人，即人才引进，从政策、待遇和配套设施等方面完善人才引进机制，吸引具有渔业资源专业背景的人才服务边疆渔政管理事业；财，即资金支持，通过政府财政和生态补偿等多种途径为渔政管理提供充足且持续的资金支持；物，即执法设备，逐步实现执法设备从无到有、从有到优、从优到精，切实提高执法能力。

（三）增强民众渔业资源保护的自觉性

渔业资源的保护，除了要有科学合理的渔业法规和制度、贯彻执行这些法规的措施外，还要加强渔业法规和制度宣传。采用线上和线下等多种形式宣传渔业资源保护的必要性，增强"高原水放生高原鱼、高原水养殖高原鱼"理念，理解盲目放生的危害，明确渔业资源保护的目的和意义，提高民众保护渔业资源的自觉性，发挥广大民众强大的监督作用。

二、建立水生生物监测站

雅鲁藏布江中游流域是西藏地区人类活动频繁的区域，交通发达，城镇较多，农业发达。近二十年来，酷渔滥捕、生物入侵、水利工程建设等人类活动已引起土著鱼类资源的急剧衰减，其生存已受到严重威胁。目前，黑斑原鮡、巨须裂腹鱼、拉萨裂腹鱼和尖裸鲤已被《国家重点保护野生动物名录》列为二级保护野生动物。为了有效地保护雅鲁藏布江中游流域特有鱼类的种质资源，农业部于 2010 年批准建立了雅鲁藏布江流域的第一个水产种质资源保护区——巴松错特有鱼类国家级水产种质资源保护区，其主要保护对象为尖裸鲤、拉萨裂腹鱼、巨须裂腹鱼、双须叶须鱼、异齿裂腹鱼、拉萨裸裂尻鱼和黑斑原鮡。

巴松错地处保护区的核心区域，既是国家 5A 级景区，又是西藏著名的红教神湖。虽因水产种质资源保护区的庇护，巴松错的土著鱼类资源几乎没有受到捕捞活动的影响，但巴河流域水电的开发、保护区辖区人口的增长、农牧业的发展、新农村的建设以及旅游资源的开发，不可避免地对巴松错渔业资源与渔业环境产生了负面影响，减弱了种质资源保护区的服务效果。为了全面掌握保护区水生态环境质量和鱼类资源现状及动态变化趋势，整体协调资源开发和保护的矛盾，充分发挥水产种质资源保护区的功能，建议在巴松错建立一个水生生物监测站。

（一）监测目的

通过长期开展巴松错水生态环境和鱼类资源的监测，客观反映保护区渔业环境和渔业资源的现状和历史演变趋势，为水产种质资源保护区管理、资源开发和保护矛盾协调以及应对未来气候变化等人类活动的扰动提供基础资料和决策支撑，推动雅鲁藏布江流域特有鱼类资源协同恢复和水环境质量持续改善。

（二）监测时间

综合考虑当地的气候条件、土著鱼类习性、文化风俗、农牧业生产活动、乡镇地理位置以及旅游的淡旺季等因素，建议每年开展常规监测 3 次，分别为 3 月中旬、5 月中下旬和 9 月上旬。

（三）监测范围与站位

综合考虑水域类型、水文、气象、环境等自然特征及监测项目、污染源分布、土著鱼类习性、成本、安全性和可操作性等因素，建议设置 3 个监测站位和 1 个监测河段，其中，3 个监测站位分别位于巴河入湖口（30°2′20.99″N、94°1′5.04″E）、罗结曲入湖口（30°0′43.14″N、93°57′36.76″E）和巴河出湖口（30°0′20.92″N、93°53′59.43″E），1 个监测河段位于巴河入湖口上游 10 km 长河段（30°2′20.99″N、94°1′5.04″E 至 30°1′15.11″N、94°1′25.21″E）。

（四）监测内容和监测方法

巴松错水生生物监测站主要对渔业环境和渔业资源开展长期监测工作，渔业环境包括非生物环境和生物环境，具体的监测内容和方法见表 6‐3；渔业资源主要包括物种多样性、鱼类资源量、鱼类生物学、遗传结构和栖息地等方面，具体的监测内容和方法见表 6‐4。

表 6‐3　巴松错渔业环境监测内容和方法

监测内容	监测指标	监测方法
非生物环境	水深、透明度、悬浮物、溶解氧、pH、水温、总氮、总磷、三态氮、COD、重金属和叶绿素 a 等理化指标以及湖泊形态、自然环境和污染状况等	野外调查和室内分析，具体方法参见《水环境监测规范》（SL 219—2013）、《水文测量规范》（SL 58—2014）、《渔业生态环境监测规范　第 3 部分：淡水》（SC/T 9102.3—2007）、《地表水环境质量评价办法（试行）》、《生态环境遥感监测技术》、《湖泊调查技术规程》、《水和废水监测分析方法》（第四版）和《水库渔业资源调查规范》（SL 167—2014）等资料
浮游生物	种类组成、密度、生物量、时空分布格局	野外调查和室内分析，具体方法参见《全国淡水生物物种资源调查技术规范（试行）》、《渔业生态环境监测规范　第 3 部分：淡水》（SC/T 9102.3—2007）、《水生生物监测手册》和《湖泊调查技术规程》等资料
底栖动物	种类组成、密度、生物量、时空分布格局	野外调查和室内分析，具体方法参见《全国淡水生物物种资源调查技术规范（试行）》、《渔业生态环境监测规范　第 3 部分：淡水》（SC/T 9102.3—2007）、《生物多样性观测技术导则　淡水底栖大型无脊椎动物》（HJ 710.8—2014）《水生生物监测手册》和《湖泊调查技术规程》等资料
着生生物	种类组成、密度、生物量、时空分布格局	野外调查和室内分析，具体方法参见《全国淡水生物物种资源调查技术规范（试行）》、《渔业生态环境监测规范　第 3 部分：淡水》（SC/T 9102.3—2007）、《生物多样性观测技术导则　淡水底栖大型无脊椎动物》（HJ 710.8—2014）、《水生生物监测手册》和《湖泊调查技术规程》等资料
水生维管束植物	种类组成、密度、生物量、时空分布格局	野外调查和室内分析，具体方法参见《全国淡水生物物种资源调查技术规范（试行）》、《生物多样性观测技术导则　水生维管束植物》（HJ 710.12—2016）和《湖泊调查技术规程》等资料

表 6‐4　巴松错渔业资源监测内容和方法

监测内容	监测指标	监测方法
物种多样性	种类组成及其时空分布特征和特有性分析等	渔获物调查法，具体监测方法参见《全国淡水生物物种资源调查技术规范（试行）》、《生物多样性观测技术导则　内陆水域鱼类》（HJ 710.7—2014）、《内陆水域渔业自然资源调查手册》、《湖泊调查技术规程》和《水库渔业资源调查规范》（SL 167—2014）等资料

（续）

监测内容	监测指标	监测方法
鱼类资源量	密度、生物量、时空分布格局等	渔获物调查法和水声学法，具体监测方法参见《水产资源学》和 *Standard Operating Procedures for Fisheries Acoustic Surveys in the Great Lakes* 等资料
鱼类生物学	年龄结构、生长特性、食物组成、摄食强度、性别比例、繁殖时间、繁殖策略等	具体监测方法参见《全国淡水生物物种资源调查技术规范（试行）》《内陆水域渔业自然资源调查手册》和《水库渔业资源调查规范》（SL 167—2014）等资料
鱼类种群遗传结构	变异位点、单倍型数、单倍型多样性、核苷酸多样性、等位基因数、杂合度、近交系数和遗传分化指数等	具体监测方法参见《生物多样性监测技术手册》和《生物多样性观测技术导则 内陆水域鱼类》（HJ 710.7—2014）等资料
鱼类栖息地	栖息地非生物环境和生物环境，产卵场、索饵场、越冬场和洄游通道的位置、规模、底质类型、水温、流速、水深、透明度等指标，污染、水利工程和捕捞等人类活动状况等	栖息地非生物和生物环境具体监测方法参见表6-3相关内容，三场一通道和人类活动状况的监测方法参见《内陆水域渔业自然资源调查手册》、《水库渔业资源调查规范》（SL 167—2014）和《河流水生生物调查指南》等资料

三、加强渔业环境与渔业资源的管理

（一）加强渔业环境污染综合防治与管理

巴松错渔业环境的潜在污染源主要为外源性污染，污染源主要来自湖泊周边城镇生活污水、种植业、畜牧业和旅游业产生的面源污染。控制湖泊周边城镇生活污水、农牧业和旅游业面源污染等主要污染源是预防巴松错渔业环境污染的关键。巴松错的水生态环境比较脆弱，承受污染能力的容量小。在地方经济发展中坚持"绿色发展，生态优先"理念，统筹协调经济建设和生态环境保护，加强对污染源环境治理，做到城镇污染物达标排放；采用种植业精准施肥技术，控制化肥使用量；适度控制旅游资源的开发规模，落实污染处理措施，将渔业环境和渔业资源养护纳入巴河流域生态环境综合治理目标。

（二）水电工程的生态补偿措施

根据巴河梯级电站的特点和保护鱼类的生物学，特别是繁殖生物学特点，建议采取如下减缓水电工程影响的措施。

（1）尚未开工的水电站不必修建鱼道等过鱼设施　将加强保护天然生境和自然种群作为水域环境保护和"救鱼"的主要措施。

（2）保护鱼类的天然生境　在梯级电站上下游选择几处适宜河段不再规划和建设水电站，作为特有鱼类"庇护所"。根据笔者多年野外调查资料，加查至林芝江段，峡谷急流、漫水浅滩与深水潭交替出现，水域环境多样性丰富，是裂腹鱼类和黑斑原鮡等鱼类生长的理想场所，此外，朗县、拉孜和昂仁江段还是裂腹鱼类较为集中的产卵场。

（3）加强增殖放流管理　人工增殖放流是增加天然水域鱼类种群数量的有效措施。统筹安排各个水电站增殖放流的种类和数量，避免放流种类的盲目性。具体措施见增殖放流相关内容。

（4）实施水库的生态调度　水库生态调度是在满足发电、灌溉、供水、航运、防洪等多种社会、经济、生态目标的前提下，兼顾河流生态需水的一种调度手段（蔡其华，2006；董哲仁等，2007；Symphorian et al.，2003）。通过水库生态调度，营造接近自然状态的水文情势，达到恢复水域环境结构完整性的目的（郭文献等，2016；黄强等，2017）。建议将渔业资源保护用水纳入巴河水库调度的生态目标，实施分时段的多目标协同调度，满足土著鱼类繁殖对水力学条件的需求。

（5）设立水域生态保护专项基金　土著鱼类自然生境的修复和保护是一个长期且复杂的系统工程，需要投入大量的人力和物力，作为受益方的水电站应根据需要提供相应的生态补偿款，以缓解自然生境恢复、保护和管理的资金短缺问题。

（三）提高增殖放流效果

增殖放流的目的是恢复天然水域渔业资源种群数量，使衰退自然种群得以恢复。为了提高增殖放流效果，避免盲目放流，建议从以下几方面开展工作。

（1）提前制定增殖放流的计划，根据自然水域中渔业资源状况，确定放流鱼类的种类、数量和质量，并做好部门间的统筹协调，安排各单位的苗种生产和放流任务，严格按放流任务组织苗种生产。

（2）建立渔业资源增殖站，努力打造渔业资源增殖示范站，确保放流苗种的质量和稳定供应。

（3）建立健全放流制度。制订增殖放流技术规范、种质标准、亲鱼和苗种质量标准；建立健全放流鱼种种质和质量检测制度。

（4）确保苗种种质纯正。增殖放流的种类应该是本地的土著鱼类，繁殖亲鱼的种质应符合种质标准，质量应符合亲鱼质量标准。严禁放流外来种，避免造成和加剧外来鱼类入侵。严禁放流杂交鱼种，避免造成种质混杂。

（5）确保放流苗种质量。提倡放流1龄或2龄具有摄食天然饵料生物能力的大规格鱼种，提高放流鱼种成活率。严禁放流带病鱼种，防止病害传播。

（6）引导和规范社会放生行为。藏族同胞自发性的放生活动较多，尤其是每年的藏历4月（为期1个月的传统宗教节——萨嘎达瓦节），放生行为尤为盛行，实际上起到增殖放流的作用。目前放生鱼主要购自水产品市场，在流域禁渔的大背景下，藏族同胞购买的主要为外来鱼类，极易造成外来鱼类的入侵，因此，引导和规范藏族同胞的放生行为，将放生纳入人工放流总体安排，向藏族同胞免费提供或出售土著鱼类苗种供放生，既可满足人们的放生愿望，达到增殖放流目的，又可控制外来鱼类入侵，同时还能适当缓解放流单位的资金短缺问题。

（7）增殖放流的目的是增加天然水域鱼类种群数量，一旦自然水域中鱼类种群数量达到能够维持种群自然繁衍水平，即可停止增殖放流，以免造成人力财力的浪费。

（四）增设特有鱼类种质资源保护区

由于保护区与雅鲁藏布江连通的尼洋河及其支流上建有多座水电站，阻隔保护区与雅鲁藏布江之间鱼类交流，使得该保护区对鱼类种质资源保护存在一定局限性。因此，应根据雅鲁藏布江不同江段水域生态环境、土著鱼类的空间分布格局以及不同江段的群体遗传分化情况，选择适宜江段设立水产种质资源保护区，如加查至林芝江段，峡谷急流、漫水浅滩与深水潭交替出现，水域环境多样性丰富，是裂腹鱼类和黑斑原鮡等鱼类生长的理想场所，此外，朗县、拉孜和昂仁江段还是裂腹鱼类较为集中的产卵场。

（五）加强土著鱼类苗种培育关键技术研究

2007—2009 年，笔者所在课题组在谢从新教授的带领下，于自治区黑斑原鮡良种场先后成功进行了黑斑原鮡和 6 种裂腹鱼类的规模化人工繁育，室外池塘培育 1 龄和 2 龄鱼种也获得成功，基本形成了土著鱼类苗种人工繁育技术体系（谢从新等，2019）。但在亲鱼培育和大规格鱼种培育方面仍存在诸多问题。

（1）**亲鱼培育技术** 目前，人工繁殖的亲鱼主要依赖于天然水体捕捞，亲鱼野性高，应激敏感度高，在人为操作过程中会对亲鱼造成诸多不良影响，严重影响人工繁育过程，同时，捕捞野生亲本会对资源造成一定的破坏且优质亲本的来源十分不稳定。采用人工培育亲鱼，可以减少对资源的破坏，降低亲鱼的应激反应，提高亲鱼的繁殖力和精、卵质量。建议在吸收其他冷水鱼亲鱼培育技术的基础上，总结创新保护区土著鱼类亲鱼培育技术。

（2）**大规格鱼种培育技术** 环境、饲料和病害是实现规模化培育大规格鱼种的主要限制因子，建议组织相关人员和单位开展科研攻关，掌握鱼种培育的最佳环境条件，构建鱼种病害生态防控以及常见疾病有效治疗的技术体系，开发适宜鱼种培育的饲料配方，最终形成土著鱼类苗种培育关键技术体系。

（六）加强土著商品鱼养殖关键技术研究

高原鱼类因其只能生活于清洁无污染的冷水中而以"有机、健康"而闻名，其具有肉质细嫩、肉味鲜美、易加工，富含蛋白质、氨基酸、不饱和脂肪酸、矿物质和维生素等特点（洛桑等，2009、2014；王金林等，2019）。在人们高度关注生活品质和食品安全的今天，"游西藏美景，品高原佳鱼"已受到关注和追捧，土著商品鱼市场需求量巨大，其产量远远不能满足地方市场的需求，售价要显著高于传统大宗淡水水产品（刘海平等，2018），并已成为产地名贵经济鱼类，具有很高的养殖开发价值和广阔的市场前景。建议加强商品鱼养殖关键技术的科研攻关，并配合政策性引导，使人工养殖土著商品鱼满足市场需求，减少对自然种群的捕捞压力以及对养殖外来鱼类的依赖，这对保护土著鱼类种质资源以及防控外来鱼类具有重要意义，同时还能有效促进当地农业增效和农民增收，助力我国西南地区乡村振兴。

主要参考文献

蔡斌，1997. 西藏鱼类资源及其合理利用［J］. 中国渔业经济研究（4）：38-40.

蔡其华，2006. 充分考虑河流生态系统保护因素完善水库调度方式［J］. 中国水利（2）：14-17.

曹文宣，2017. 长江上游水电梯级开发的水域生态保护问题［M］//张楚汉，王光谦. 中国学科发展战略研究：水利科学与工程前沿. 北京：科学出版社.

达瓦次仁，弓进梅，拉巴卓嘎，2018. 改革开放以来西藏自然保护区建设与成就［J］. 西藏研究（5）：133-140.

丁城志，陈毅峰，何德奎，等，2010. 雅鲁藏布江黑斑原鮡繁殖生物学研究［J］. 水生生物学报，34（4）：762-768.

丁城志，陈毅峰，李秀启，等，2008. 雅鲁藏布江黑斑原鮡的年龄与生长［C］//中国鱼类学会. 中国鱼类学会 2008 学术研讨会论文摘要汇编.

丁慧萍，张志明，谢从新，等，2022. 鱼类入侵对雅鲁藏布江水域生态系统的影响及其防治对策［J］. 生态学杂志，41（12）：2440-2448.

董哲仁，孙东亚，赵进勇，2007. 水库多目标生态调度［J］. 水利水电技术，38（1）：28-32.

段辛斌，刘绍平，熊飞，等，2008. 长江上游干流春季禁渔前后三年渔获物结构和生物多样性分析［J］. 长江流域资源与环境，17（6）：878-885.

范丽卿，刘海平，郭其强，等，2010. 拉萨甲玛湿地鱼类资源及其时空分布［J］. 资源科学，32（9）：1657-1665.

范丽卿，土艳丽，李建川，等，2011. 拉萨市拉鲁湿地鱼类现状与保护［J］. 资源科学，33（9）：1742-1749.

郭文献，王艳芳，彭文启，等，2016. 水库多目标生态调度研究进展［J］. 南水北调与水利科技，14（4）：84-90.

胡运华，2009. 西藏老虎嘴水电站环境影响分析［J］. 水利科技与经济，15（12）：1069-1070.

户国，都雪，程磊，等，2019. 西藏渔业资源现状、存在问题及保护对策［J］. 水产学杂志，32（3）：58-64.

黄强，赵梦龙，李瑛，2017. 水库生态调度研究新进展［J］. 水力发电学报，36（3）：1-11.

黄颖，李义天，韩飞，2004. 三峡电站日调节对下游河道水面比降的影响［J］. 水利水运工程学报，3：62-66.

李士成，李少伟，希娜，等，2018. 西藏自然保护区现状分析及其空间布局评估［J］. 生态学报，38（7）：2557-2565.

刘海平，牟振波，蔡斌，等，2018. 供给侧改革与科技创新耦合助推西藏渔业资源养护［J］. 湖泊科学，30（1）：266-278.

洛桑，布多，旦增，等，2009. 3 种淡水鱼肌肉脂质的组成及营养评价［J］. 淡水渔业，39（6）：74-76.

洛桑，张强英，旦增达瓦，等，2014. 拉萨河尖裸鲤（*Oxygymnocypris stewartii*）肌肉营养组成与分析评价［J］. 西藏大学学报，29（1）：8-12.

钱志林，雷云雷，1996. 西藏渔业考察报告［J］. 中国渔业经济研究，4：13-14.

邱志鹏，张光科，2006. 雅鲁藏布江水资源开发的战略思考［J］. 水利发展研究（2）：15-19.

沈红保，郭丽，2008. 西藏尼洋河鱼类组成调查与分析 [J]. 河北渔业，5：51-54，60.

索朗，扎堆，2016. 浅谈巴松错特有鱼类国家级水产种质资源保护区建设的意义 [J]. 西藏科技（5）：37-38.

土登达杰，扎堆，2016. 建设巴松错特有鱼类国家级水产种质资源保护区的自然条件及社会经济利益简析 [J]. 西藏科技（12）：20-21.

王金林，王万良，王且鲁，等，2019. 野生与驯养异齿裂腹鱼肌肉营养成分比较分析 [J]. 中国农业大学学报，24（9）：105-113.

王强，王旭歌，朱龙，等，2017. 尼洋河双须叶须鱼年龄与生长特性研究 [J]. 湖北农业科学，56（6）：1099-1102.

谢从新，郭炎，李云峰，等，2021. 新疆跨境河流水生态环境与渔业资源调查：额尔齐斯河 [M]. 北京：科学出版社.

谢从新，霍斌，魏开建，等，2019. 雅鲁藏布江中游裂腹鱼类生物学与资源保护 [M]. 北京：科学出版社.

谢从新，马徐发，覃剑晖，等，2016. 雅鲁藏布江黑斑原鮡生物多样性及养护技术研究 [M]. 北京：科学出版社.

徐大懋，陈传友，梁维燕，2002. 雅鲁藏布江水能开发 [J]. 中国工程科学，4（2）：47-52.

杨汉运，黄道明，谢山，等，2010. 雅鲁藏布江中游渔业资源现状研究 [J]. 水生态学杂志，3（6）：120-126.

杨永红，阮新建，邓欣，2010. 巴河水电开发对尼洋河流域生态环境的影响分析 [J]. 水资源保护，26（1）：91-94.

叶志祥，张辉，吴金明，2021. 中国西南区水域增殖放流回顾与对策研究 [J]. 中国水产科学，28（7）：819-831.

扎西拉姆，吕红建，张弛，等，2017. 西藏鱼类放生存在的问题及解决对策 [J]. 中国水产（9）：32-35.

张春光，贺大为，1997. 西藏的鱼类资源 [J]. 生物学通报，6：9-10.

者萌，张雪芹，孙瑞，等，2016. 西藏羊卓雍错流域水体水质评价及主要污染因子 [J]. 湖泊科学，28（2）：287-294.

周剑，赖见生，杜军，等，2010. 林芝地区鱼类资源调查及保护对策 [J]. 西南农业学报，23（3）：938-942.

朱挺兵，刘海平，李学梅，等，2017. 西藏鱼类增殖放流初报 [J]. 淡水渔业，47（5）：34-39.

朱秀芳，陈毅峰，2009. 巨须裂腹鱼年龄与生长的初步研究 [J]. 动物学杂志，44（3）：76-82.

Chen F, Chen Y F, He D K, 2009. Age and growth of *Schizopygopsis younghusbandi younghusbandi* in the Yarlung Zangbo River in Tibet, China [J]. Environmental Biology of Fishes, 86：155-162.

Jia Y T, Chen Y F, 2011. Age structure and growth characteristics of the endemic fish *Oxygymnocypris stewartii* (Cypriniformes：Cyprinidae：Schizothoracinae) in the Yarlung Tsangpo River, Tibet [J]. Zoological Studies, 50 (1)：69-75.

Kolar C S, Lodge D M, 2002. Ecological predictions and risk assessment for alien fishes in North America [J]. Science, 298 (5596)：1233-1236.

Li X Q, Chen Y F, 2009. Age structure, growth and mortality estimates of an endemic *Ptychobarbus dipogon* (Regan, 1905)(Cyprinidae：Schizothoracinae) in the Lhasa River, Tibet [J]. Environmental

Biology of Fishes，86：97-105.

Liu H，Liu Y C，Liu S Y，et al.，2018. Fecundity and reproductive strategy of *Ptychobarbus dipogon* populations from the middle reaches of the Yarlung Zangbo River ［J］. Acta Hydrobiologica Sinica，42 （6）：1169-1179.

Qiu H，Chen Y F，2009. Age and growth of *Schizothorax waltoni* in the Yarlung Tsangpo River in Tibet，China ［J］. Ichthyological Research，56 （3）：260-265.

Symphorian G R，Madamombe E，van der Zaag P，2003. Dam operation for environmental water releases：the case of Osborne dam，Save catchment，Zimbabwe ［J］. Physics and Chemistry of the Earth，Parts A/B/C，28 （20-27）：985-993.

Yao J L，Chen Y F，Chen F，et al.，2009. Age and growth of an endemic Tibetan fish，*Schizothorax o'connori*，in the Yarlung Tsangpo River ［J］. Journal of Freshwater Ecology，24 （2）：343-345.

图书在版编目（CIP）数据

西藏巴松错渔业资源与环境研究 / 霍斌等著 . —北京 : 中国农业出版社，2023.4
（中国西藏重点水域渔业资源与环境保护系列丛书 / 陈大庆主编）
ISBN 978-7-109-30510-6

Ⅰ.①西… Ⅱ.①霍… Ⅲ.①湖泊－水产资源－研究－工布江达县②湖泊－环境保护－研究－工布江达县 Ⅳ.①S922.754

中国国家版本馆 CIP 数据核字（2023）第 057902 号

XIZANG BASONGCUO YUYE ZIYUAN YU HUANJING YANJIU

中国农业出版社出版
地址：北京市朝阳区麦子店街 18 号楼
邮编：100125
策划编辑：王金环
责任编辑：王金环　　文字编辑：蔺雅婷
版式设计：杜　然　　责任校对：吴丽婷
印刷：北京通州皇家印刷厂
版次：2023 年 4 月第 1 版
印次：2023 年 4 月北京第 1 次印刷
发行：新华书店北京发行所
开本：787mm×1092mm　1/16
印张：8.5　　插页：4
字数：200 千字
定价：88.00 元

彩图 1 巴松错野外调查和室内分析

a. 调查人员合影 b. 水质测量和水生生物采集 c. 底栖动物分拣 d. 出船捕鱼 e. 渔获物统计 f. 静脉采血
g. 裂腹鱼类解剖 h. 室内分析

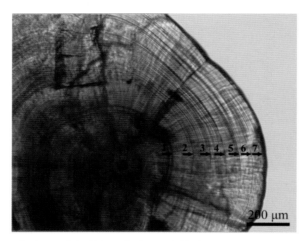

彩图 2　异齿裂腹鱼微耳石的年轮特征（箭头示年轮）

彩图 3　巴松错土著鱼类越冬场（a）和索饵场（b）

彩图 4　巴松错裂腹鱼类产卵场
a. 拉萨裸裂尻　b. 异齿裂腹鱼　c. 巨须裂腹鱼

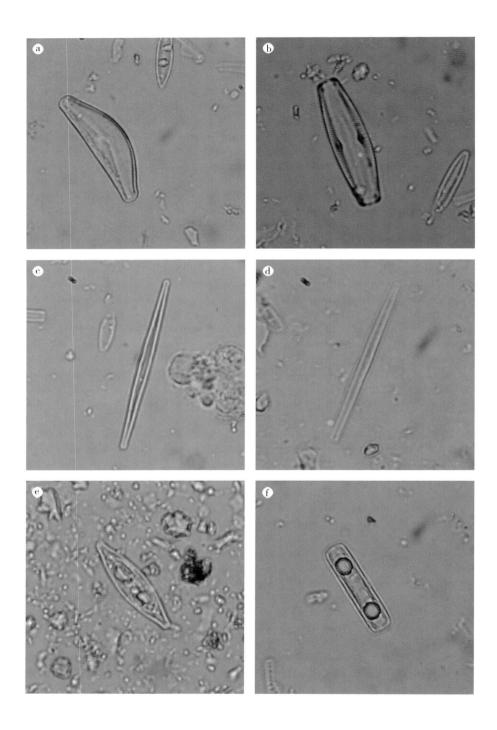

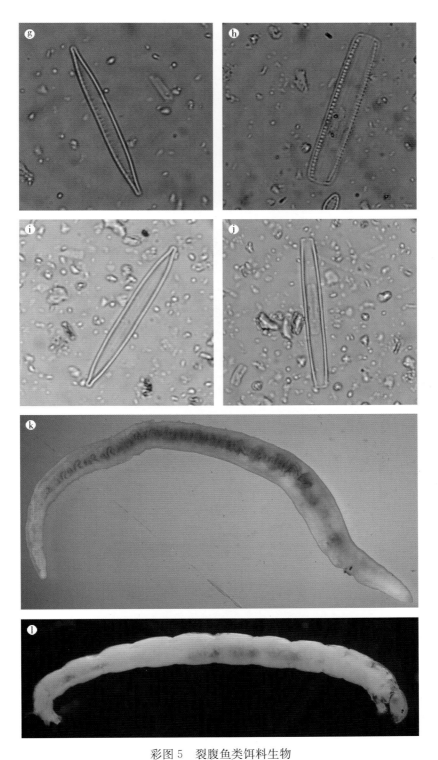

彩图 5 裂腹鱼类饵料生物

a. 桥弯藻壳面　b. 桥弯藻带面　c. 针杆藻壳面　d. 针杆藻带面　e. 舟形藻壳面　f. 舟形藻带面
g. 菱形藻壳面　h. 菱形藻带面　i. 桅杆藻壳面　j. 桅杆藻带面　k. 水丝蚓　l. 摇蚊幼虫

彩图 6　6 种裂腹鱼类外部形态
a. 异齿裂腹鱼　b. 拉萨裂腹鱼　c. 巨须裂腹鱼
d. 尖裸鲤　e. 拉萨裸裂尻鱼　f. 双须叶须鱼

彩图 7　巴松错自然和人文景观

　　a. 巴松错水天一色　　b. 巴松错湖心岛　　c. 巴松错南岸浅水区　　d. 巴松错北岸深水区
e. 巴松错北岸溪流汇入口　　f. 巴河入湖口　　g. 巴松错大坝　　h. 巴河上游河道　　i. 巴河下
游河道　　j. 巴松错景区大门　　k. 巴松错国家级水产种质资源保护区标识碑　　l. 巴河下游老
虎嘴水电站　　m. 巴松错鱼类放生点　　n. 藏民放生土著鱼类